LAYOUT

DESIGN

版式设计

平面设计师高效工作手册

江奇志◎编著

北京大学出版社

PEKING UNIVERSITY PRESS

内 容 提 要

版式设计是视觉传达设计的基本功之一，是一种设计语言，在信息大爆炸的今天，如何有效、快速、准确地传达信息显得尤为重要。故学设计必须要学好版式设计，否则设计就成了"空中楼阁"。

本书分为两大部分，第一部分是原理篇，从版式设计的工作流程和版面设计要素方面来讲解版式设计的要领；第二部分是实践篇，从媒体特性方面来讲解版式设计在不同媒体中的设计要点，然后精选一些真实的设计项目来加以印证。

本书内容安排由浅入深，写作语言通俗易懂，实例题材丰富多样。特别适合广大职业院校及计算机培训学校作为相关专业的教材用书，同时也适合广告设计初学者、设计爱好者作为学习参考书来使用。

图书在版编目(CIP)数据

版式设计：平面设计师高效工作手册 / 江奇志编著. — 北京：北京大学出版社，2018.8
ISBN 978-7-301-29617-2

Ⅰ.①版… Ⅱ.①江… Ⅲ.①版式－设计－手册 Ⅳ.①TS881-62

中国版本图书馆CIP数据核字(2018)第123954号

书　　　　名	版式设计：平面设计师高效工作手册	
	BANSHI SHEJI: PINGMIAN SHEJISHI GAOXIAO GONGZUO SHOUCE	
著作责任者	江奇志　编著	
责 任 编 辑	尹　毅	
标 准 书 号	ISBN 978-7-301-29617-2	
出 版 发 行	北京大学出版社	
地　　　　址	北京市海淀区成府路205 号　100871	
网　　　　址	http://www.pup.cn　新浪微博: @ 北京大学出版社	
电 子 信 箱	pup7@ pup.cn	
电　　　　话	邮购部 62752015　发行部 62750672　编辑部 62570390	
印 刷 者	北京宏伟双华印刷有限公司	
经 销 者	新华书店	
	787毫米×1092毫米　16开本　17.75印张　335千字	
	2018年8月第1版　2023年2月第5次印刷	
印　　　　数	10001-12000册	
定　　　　价	79.00 元	

PREFACE 前言

在版面中，将图片、文字等对象进行排列组合，以传递信息和满足审美需求，这就是版式设计。版式设计是视觉传达设计的基本功之一，是一种设计语言。在信息大爆炸的今天，如何有效、快速、准确地传达信息显得尤为重要。故学设计必须要学好版式设计，否则设计就成了"空中楼阁"。

欧美现代设计经过近百年的探索，形成了国际主义风格，主要以网格方法加无饰线字体来设计版式。一方面，显得理性、严谨、简洁，但另一方面，又显得机械、冷漠、缺乏人情味。日本当代的版式设计有较多的方法总结书籍可以借鉴，但基本都是从形式上切入，初学者还是难以抓住要领。

我国真正的现代设计起步较晚，一直在学习和模仿国外设计，最近几年才出现设计文化的回归倾向。版式设计方面的研究不够深入，相关书籍虽汗牛充栋，但大同小异，基本都是先讲点历史流派，再讲讲"点线面黑白灰"和各种构图方法、色彩搭配，最后再加一些综合实例，其实就是"三大构成"课程的翻版。但版式设计不等于三大构成，虽然二者之间有一些联系，但版式设计始终是一门单独的学科，有其独立的知识和技能体系。

针对以上的种种情况，笔者尝试编写这本教程，旨在让读者快速掌握版式设计要领。同时，抛开从书本到书本、纸上谈兵的学科知识体系，开始真正基于工作流程的版式设计研究。

要让读者快速掌握版式设计要领，必须化繁为简，将看似繁多的理论进行高度浓缩，提炼为一条纲、一句话，再逐级展开，这样才能形成一个个知识技能板块。配合大量的真实项目案例，精讲多练，进而掌握版式设计的要领。

本书从对象调性切入，研究对象调性与版式设计语言的联系，探索采用何种版式设计语言来表达对象的调性。正如研究病理与药理一样，什么样的病需要什么样的药，研究透了就能对症下药。提炼出一个版式设计的基本方法论，有利于初学者快速掌握版式设计要领，并且有利于设计行业的交流碰撞与提升。

市面上的书籍基本上只讲成功案例而不讲失败案例，这种做法有待商榷。"失败是成功之母"，很多科学家要经过成百上千次失败的实验才能获得一个成功的理论，设计探索其实也一样。在本书中，针对同一个知识点列举了根据相同素材设计出来的失败例子和成功例子，让读者自行揣摩领悟，这比只给出最终结果要好得多。

本书分为两大部分，第一部分是原理篇，从版式设计的工作流程和版面设计要素方面来讲解版式设计的要领；第二部分是实践篇，从媒体特性方面来讲解版式设计在不同媒体中的设计要点，然后精选一些真实的设计项目来加以印证。

另外，本书还赠送了丰富的学习资源，具体如下。

（1）长达 10 小时的《Photoshop CC 图像处理从入门到精通》的教学视频，即使无 PS 基础，也可以通过此视频学会 Photoshop 的操作与应用。

（2）《商业广告设计印刷必备手册》（电子书），特别对广告设计的新手有很大帮助，通过本手册让你快速掌握印刷处理技术。

（3）《高效人士效率倍增手册》（电子书），教你学会日常办公中的一些管理技巧，提升你的工作效率和职场竞争力。

（4）PPT 课件，全程再现版式设计的方法与经验，方便老师选用此书来教学。

温馨提示：以上资源，请用微信扫一扫下方任意二维码关注公众号，输入代码 KNY61254，获取下载地址及密码。

创作者说

　　本书由凤凰高新教育策划，江奇志老师执笔编写。江奇志：广告师，讲师，二级建造师，Photoshop 教育专家，致力于研究 Photoshop 多年；主要从事视觉传达、包装设计、室内设计专业的教学教研、专业建设工作；有丰富的设计实战经验和一线教学经验，曾获 Adobe 公司中国区 "2006 年度百名优秀教师"，第六届 ITAT 大赛 "优秀指导教师" "四川省第二届动漫旅游品创意设计大赛优秀指导教师" "第二届全国高校数字艺术作品大赛优秀指导教师" "第八届全国大学生广告艺术大赛四川赛区优秀指导教师" 等称号；并著有《中文版 3ds Max 2016 基础教程》和《案例学——Photoshop 商业广告设计（全新升级版）》。

　　本书在编写过程中，还参考借鉴了一些学生与朋友的作品，以及一些网络素材，在此表示真诚的感谢。相关版权所有人可以与我们联系（邮箱：hzpt11@sina.com），以便致奉谢意和薄酬。如有争议内容，也请有关人员及时与我们联系，以便在今后再版时调整。

　　另外，读者可以打开手机端微信，选择 "扫一扫"，扫描下方二维码获取更多的职场技能和学习资源，在职场中 "升职加薪不加班"！

在线学习课堂

CONTENTS 目录

第1篇　原理篇

好的商业设计作品都离不开精心设计的版式版面。

要充分理解版面构成（书籍、广告、新媒体等）和版面设计要素（文字、图片、色彩、图标等）。

版面样式涉及版面的视觉度、图版率、跳跃率、拘束率、空白率等。

合理运用版面调整、版面配色等，这关系到最终的版式效果。

本篇主要介绍版式设计的相关基础知识与设计原理。

第2篇　实践篇

从实践中来，到实践中去。

前面的章法都是在实践中总结出来的，其目的都是要运用到实践中去。

本篇将运用前面的章法结合具体媒体的特点进行实践，探究名片、海报、画册、宣传页、报纸、UI及PPT等常见媒体的版式设计。

第 1 篇

原理篇

PART 1

好的商业设计作品都离不开精心设计的版式版面。

要充分理解版面构成（书籍、广告、新媒体等）和版面设计要素（文字、图片、色彩、图标等）。

版面样式涉及版面的视觉度、图版率、跳跃率、拘束率、空白率等。

合理运用版面调整、版面配色等，这关系到最终的版式效果。

本篇主要介绍版式设计的相关基础知识与设计原理。

第 1 章
版式设计基础

磨刀不误砍柴工，定准基调很重要，

否则失之毫厘，谬以千里。

在研究版式设计之前，首先要厘清:

什么是版式设计?

版式设计有什么作用?

设计时应从哪些方面去思考?

要怎样设计?

为什么要那样设计?

版式设计的基本流程是什么?

主题 01

版式设计的概念及意义

1. 版式设计的概念

　　设计师的基本功有哪些？除去沟通协调等，仅就技能而言，主要有以下四个方面：一是认知能力，即熟悉设计流程及设计制作工艺；二是基本手绘能力，能在与客户沟通或捕捉设计灵感时快速表达设计思路；三是专业软件操作能力，是设计师的必备技能；四是设计能力，其中最基本的就是能将给定的一些图文素材进行排列组合，将内容更准确、更美观地传达给受众——这就是版式设计能力！

　　大家都知道田忌赛马的故事，同样的三匹马，田忌就是赛不过齐威王，但是孙膑将赛马的顺序稍作调整就能赛赢齐威王——设计师也应该有这样的素质。其实设计师就是一个组织协调者，是工程师、制造商与顾客的中间人；就版式设计而言，就是把图片、文案、表格、色彩等根据客户的诉求进行排列组合，能够更好地卖出客户的产品或提升客户的形象。

　　根据上述分析，其实版式设计的含义已经出来了：在版面中，将图片、文字、色彩、图表等对象进行排列组合，以达到传递信息和满足审美需求的目的。需要明确以下两点。

　　（1）设计的对象是图片、文字、色彩和图表。

　　（2）设计的目的是传递信息和满足审美需求。

　　其实设计的本质就是解决功能和形式两大问题，功能无疑是首位，在满足功能的基础上再追求形式的艺术化。所以在版式设计中，必须首先让设计出来的版式起到传递信息的作用，然后再去考虑如何美化它。因为只有少数人会去购买一本美观但阅读起来很费力的书。

2. 版式设计的意义

为什么要设计版式？

正如炒土豆丝一样，同样的土豆，同样的作料，不懂厨艺的人会炒得很难吃，而高级厨师则能炒出色香味俱全的土豆丝。右侧就是初学者和成熟设计师利用同样的素材设计出的效果，如图 1-1 与图 1-2 所示。再对比一下图 1-3 和图 1-4，就会明白版式设计的重要性。

通过以上几组设计的对比，读者一定感受到了一个好的版式设计在设计中的重要性。其实版式设计是一种语言，一种视觉传达的语言，其实质就是将图片、文字、颜色等进行排列组合，以做到快速、有效地把信息传达给目标受众，让广告主与广告受众能够通过广告来进行沟通，并从中获得视觉美感和心理愉悦。因此，版式设计是各类设计的基础，直接关系到设计作品的质量，甚至可以这么说：做好了版式设计，设计就成功了一半。

图 1-1 初学者设计的售房宣传页

图 1-2 成熟设计师设计的售房宣传页（来自"图片 114"网）

图 1-3 初学者设计的主题海报

图 1-4 设计师设计的主题海报（来自"我图网"）

3. 对象调性

我们拿到一个单子后是盲目地排列组合吗？当然不是。那么应该从哪些方面去思考，如何通过版式来实现我们的目的呢？其实设计师做版式设计就如同医生看病，在与客户沟通时要先望闻问切，认准病因，然后对症下药，方能药到病除。在版式设计中，"看病"就是分析调性。所以，能否准确把握调性这一步至关重要，若是调性分析错了，后面做得越多就错得越多。如图 1-5 所示，一本论文集和一本儿童读物明显就是两个相对的调性，一个理性严肃，一个感性活泼，若是把调性弄反了，自然难以被人接受。

所谓调性，本是一个音乐方面的术语，这里用来描述品牌、产品或服务的外在表现所形成的市场印象，相当于人的性格或通常所说的"基调"。要根据具体调性来设计与之匹配的版式，就像领取诺贝尔奖要穿燕尾服或晚礼服，工作场所着职业装，假期穿休闲装，在家穿睡衣一样。

视觉设计的目的就是将抽象的东西具象化，由于客户表达的调性并不显化，

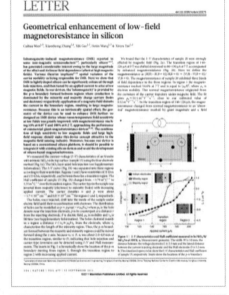

图 1-5　学术论文、儿童读物版式

因此必须用版式设计的语言来表达。比如，星巴克咖啡给人的调性就是舒适、休闲、自由、高档，而这种调性是由它店内的装饰、服务、产品等多方面因素来传达的。在版式设计中，要先准确把握其调性，然后根据调性来选择合适的样式，进行适当的调整。广告设计包括实力、品位、闲适、亲和力和趣味这五种基本调性，版式设计也可沿用。这里可把五种调性进一步简化为"大众（俗）——高档（雅）"这两个极端，然后再进行细化，如图 1-6 所示。

大　众（俗）　　　　　　高　档（雅）
趣　味　　亲　和　　闲　适　　品　位　　实　力
调性

图 1-6　五种基本调性

请看下面的白酒广告（如图 1-7 所示），哪一个看起来更像是大众化的白酒？

图 1-7　白酒广告调性比较

显然，前者走的是大众路线，传达的是亲和调性；而后者走的是高端路线，传达的是品位调性。所以，不同的字体和色调能够传达不同的调性，并带给人不同的感受，如表 1-1 所示。

表 1-1　白酒广告版式调性对比

	字体	色调	给人的感受
左图	活泼的书法字体，绕路径排列	喜庆的颜色，纯色调	亲和力、动感、低廉
右图	严谨复古的宋体字，水平排列	淡雅的颜色，明色调	高品质、冷静、高级

再感受一个例子，如图 1-8 与图 1-9 所示，哪个设计更适合作为学术论文的答辩 PPT？

图 1-8　PPT 版面设计 1

图 1-9　PPT 版式设计 2（来自清风素材）

　　显然，图 1-9 更合适。两个课件的设计都很美观，但是传达的调性不一样。图 1-8 给人的感觉过于轻松活泼，无法让人感受到学术论文的理性和冷静等感觉，但如果用于其他轻松类型的主题就很合适了。具体对比如表 1-2 所示。

　　所以，首先要把握调性，然后选择合适的版式设计语言来传达准确的信息。

表 1-2　PPT 版式调性对比

	文字	色彩	给人的感受
上图	活泼的艺术字体，倾斜动感	比较炫丽	活泼、轻松
下图	严谨复古的印刷字体，水平	中性色为主	严谨而富有变化

4. 版式设计流程

以上的调性分析就是版式设计的第一步，接下来要对症下药，根据分析出的调性列出合适的样式，再进行适当的调整，这样就完成了版式设计。简单地说就是三大步：（1）分析调性，准备素材；（2）根据调性选择样式；（3）微调版面。

准备素材 ⟹ 选择样式 ⟹ 微调版面

图 1-10 版式设计流程图

例1 | 报纸招聘广告设计流程

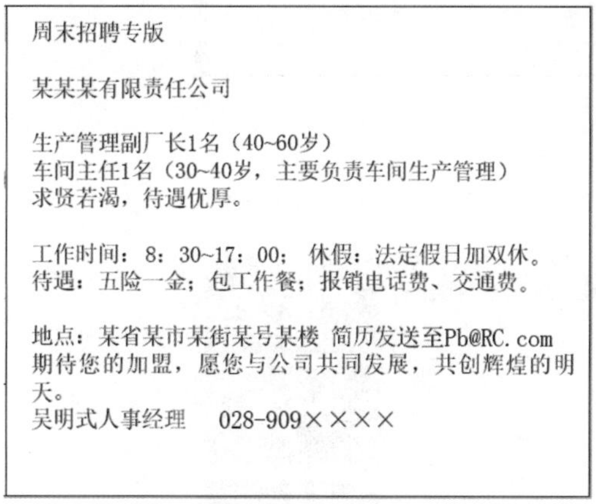

周末招聘专版

某某某有限责任公司

生产管理副厂长1名（40~60岁）
车间主任1名（30~40岁，主要负责车间生产管理）
求贤若渴，待遇优厚。

工作时间：8：30~17：00；休假：法定假日加双休。
待遇：五险一金；包工作餐；报销电话费、交通费。

地点：某省某市某街某号某楼 简历发送至Pb@RC.com
期待您的加盟，愿您与公司共同发展，共创辉煌的明天。
吴明式人事经理 028-909××××

图 1-11 准备素材

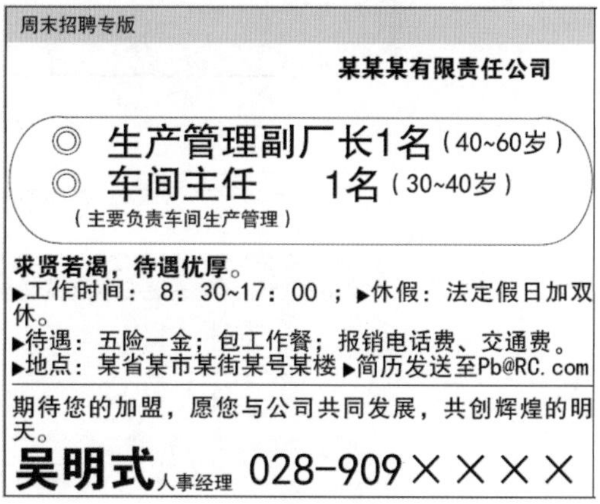

周末招聘专版

某某某有限责任公司

◎ 生产管理副厂长1名（40~60岁）
◎ 车间主任 1名（30~40岁）
（主要负责车间生产管理）

求贤若渴，待遇优厚。
▶工作时间：8：30~17：00；▶休假：法定假日加双休。
▶待遇：五险一金；包工作餐；报销电话费、交通费。
▶地点：某省某市某街某号某楼▶简历发送至Pb@RC.com

期待您的加盟，愿您与公司共同发展，共创辉煌的明天。

吴明式人事经理 028-909××××

图 1-12 选择样式

① 原稿：虽然已经具备所必需的全部信息，但条理不清，毫无生气。

② 选择适合的样式：调性是高档（有品位）但又不失亲和。提高跳跃率，完成了样式的调整后，与原稿相比，增加了趣味性，更吸引人也更有条理。

③ 微调版面：优化视觉度，根据文字的重要性来体调整文字大小与空白大小。这样版式变工整了，更加有条有理。

周末招聘专版

某某某有限责任公司

生产管理副厂长1名（40~60岁）
车间主任主要负责车间生产管理1名（30~40岁）

求贤若渴，待遇优厚。
▶工作时间：8：30~17：00；▶休假：法定假日加双休。
▶待遇：五险一金；包工作餐；报销电话费、交通费。
▶地点：某省某市某街某号某楼▶简历发送至Pb@RC.com

期待您的加盟，愿您与公司共同发展，共创辉煌的明天。

吴明式人事经理028-909××××

图 1-13 微调版面

例2 社团招新海报设计流程

图 1-14 原稿　　　　　图 1-15 选择样式

图 1-16 微调版面

① 原稿：具备所必需的全部信息，但主题还需更明确，条理性不够。

② 选择适合的样式：调性是亲和。明确主题，插入琵琶图片提高了视觉度，将标题文字加大加粗，与原稿相比更具视觉冲击力和条理性。

③ 微调版面：同类合并，强调主题，加大主附文间的空白。版式变得更加有层次。

通过以上案例，读者对版式设计的步骤应该有了初步的认识，即拿到一个设计单子，首先要思考以下问题。

（1）甲方想表达怎样的调性？

（2）应该用哪些样式来表达那个调性？视觉度、图版率、跳跃率、网格拘束率等各应为多少？

（3）应该如何调整来加强那个调性？

主题 02
版 面 构 成

版面构成可以理解为：在有限的版面空间里，将版面构成要素——文字、图片、图标与颜色等——根据特定内容与需求进行排列组合，并运用造型要素及形式原理，将构思与计划以视觉形式表达出来。也就是寻求艺术手段来正确地表现版面信息，是一种直觉性、创造性的活动。版面构成在书籍、杂志、广告、界面等媒介中都表现得非常出色。

1. 书籍版面

一本书通常由封面、扉页、版权页、前言、目录、正文、参考文献和附录等构成，有的书还配有配套光盘。其中，各版式构成的基本术语如下。

开本：开本是图书页面的大小，将全张纸平均切成多少同等尺寸的小张纸，称为开本，如图1-17所示。如将全张纸对折4次后，其幅面为全张纸的1/16。开本通常分三种类型：大型开本、中型开本和小型开本。以文字为主的书籍一般为中型开本，常用的有16开（185mm×260mm）和大16开（210mm×285mm）。

国际标准纸度又称ISO纸度，宽高比为1:$\sqrt{2}$（1:1.414），大度纸张面积为1m²

$X \times Y = 1m^2$

$X:Y = 1:\sqrt{2}$

$X = 0.841m$

$Y = 1.189m$

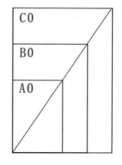

国际分为A、B、C三种纸度，A度纸一般用于书籍杂志，B度纸多用于海报，C度纸多用于信封、文件夹等。

图1-17　开本

下面是几种常见的书籍版面术语，它们的具体位置如图 1-18 所示。

版心：位于页面中间、排有正文文字的区域。

页边距：在版心四周部分，上、下页边距包括页眉与页脚部分。

天头：页眉以上留有的空白区域。

地脚：页脚以下留有的空白区域。通常天头大于地脚的视觉效果较好。

订口：书刊需要订联的一边、靠近书籍装订处的空白叫作订口。

切口：双页排版时，需要对印刷纸张进行剪切的位置。为保证天头、地脚的空白，有时可以将书名或章节名安排在切口处。

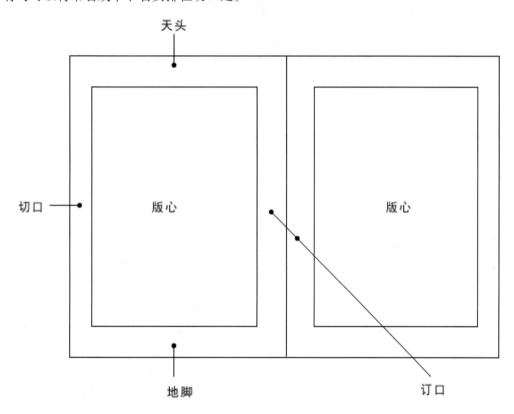

图 1-18　书籍版面构成示意图

其他杂志和画册等也是基于书籍版面设计的，如图 1-19 所示。

图 1-19　画册版式设计

2. 广告版面

　　广告版面一般由文案与图片组成。文案要素主要包括广告的标题、正文、口号和附文；图片是指除文字以外的一切视觉形象要素，由静态的绘画、商标、品牌、外缘和空白五部分构成，但也不是绝对包括所有元素，如图 1-20 所示。

图 1-20　广告版式设计

3. 新媒体版面

在网络、移动媒体逐渐成为主流的今天，UI（界面）设计也是一种版式设计，但新媒体的交互性、及时性等与传统媒体有很大的区别，所以其版式设计与传统媒体也有所不同，如图 1-21 所示。

图 1-21　网店海报设计

主题 **03**

版式设计要素

在版面设计中,文字、色彩、图形和图标是最重要的四大要素,排版如何将版面的各要素进行有机的组合,以便将信息更快速、更艺术地传达给受众,都有其特有的规律。这里只略做提示,后面会专门讲解这四大要素的运用技法。

1. 文字

在所有的版式设计语言中,文字无疑是相对传达最准确的语言,在平面设计中,更是少不了文字。平面设计中的字体一般分为书法体、艺术体和印刷体。书法体和艺术体一般用于标题,印刷体一般用于正文。书法体在笔画间追求无穷的变化,具有强烈的艺术感染力、鲜明的民族特色及独到的个性,且字迹多出自社会名流之手,具有名人效应,如图 1-22 和图 1-23 所示。

图 1-22　书法体　　　　　　　　　　　　图 1-23　手写体

艺术体又可分为规则艺术字和变体艺术字两种。前者强调外形的规整,点划变化统一，具有便于阅读和设计的特点，但比较呆板，可以做成字体库直接打印出来或在线生成，如图 1-24 所示。变体艺术字在这方面则有所不同，它强调自由变形，无论从点划处理或字体外形均追求不规则的变化，具有变化丰富、个性突出、设计空间充分、适应性强、富有装饰性等特点，如图 1-25 和图 1-26 所示。

图 1-24　规则艺术字

图 1-25　《哈利·波特》海报文字设计　　　　　图 1-26　宽窄巷子标识设计

2. 图片

　　图片比文字有更高的视觉度，更直观也更引人注目，很少需要抽象思维，可打破语言的樊篱。无论中外，在识字的人很少的年代，传播文化主要靠图片，如故事画和壁画等。现代人虽然几乎都识字，但信息量太大，图片仍是一个既迅速又有效的重要传播手段。

　　图片主要包括照片和插图。照片能够让对象真实再现，很能让人信服。但设计中的照片不只是简单地再现商品的形象，而是着力于画面的美感与意境，因而具有强烈的艺术感染力。广告中用到的摄影图片一般还要经过电脑加工和处理，以表现出独特的感染力，如图 1-27 所示。所以，摄影图片具有效果逼真、印象深刻及利于推销等优点。

　　插图能够表现看不见的或摄影难以表现的对象，与摄影相比，它在创造艺术形象的随意性和艺术的取舍与强调方面，有很大的自由发挥空间，如图 1-28 所示。

图 1-27　以照片表现主题的广告　　　　图 1-28　以插图表现主题的广告

3. 色彩

　　色彩是版式设计中传播速度最快的基本要素，它善于快速抓住受众的注意力并定准调性，如图 1-29 所示。

图 1-29　版式中的色彩设计

4. 图标

信息图形化是一大趋势。图标的长处是能快速且直观地表达一些抽象的东西或数据，使生硬的信息看起来更柔和、易懂。各种交通标志、导视图、统计图、地图及装配图等就比文字描述更直观，如图 1-30 所示。

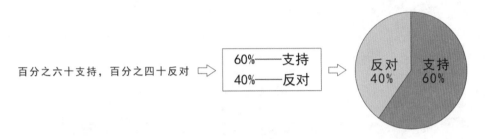

图 1-30 用图标直观地表达信息

本章小结

版式设计实际上就是将文字、图片、色彩、图标等元素进行排列组合，以达到快速、准确地传递信息和满足审美需求的目的。

做版式设计之前应把握好对象调性，通过版式设计语言来表现其调性。调性有高档和大众两大类，可以通过版式设计语言来调整，使其更偏向其中一类。

版式设计的流程是：分析调性，准备素材→选择样式→微调版面。

第 2 章
版面样式

前面已经讲过，版式设计有三大步：准备素材，选择样式，微调版面。确定好调性后就根据调性来选择合适的样式。那么样式是什么？有哪些样式？使用样式要注意些什么？下面我们就来研究版式设计中的重要内容：样式。

版式设计中的样式即文字、图片的外观。归纳起来，版式设计中的样式有以下六种。

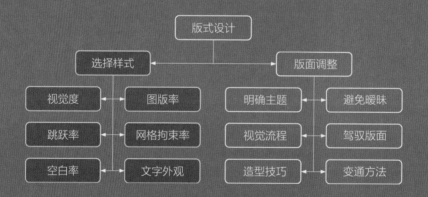

主题 01

视 觉 度

在视觉营销时代，"视觉冲击力"是设计界的一个常用词，而"视觉度"则是"视觉冲击力"的一个重要因素。

1. 概念

视觉度是指文字与图像（照片、插图）对人产生的视觉吸引力的强度。越引人注目的对象，其视觉度越高。如图 2-1 和图 2-2 所示，哪张名片更引人注意？

湛镜 James King
总经理 general manager

成都市龙潭工业园区成宏路18号钢铁领域
A座█████

Tel: 028-8331×××× 　Mp: 139×××7088
We:www.deshengjidian.com
E-mail: 51295xxxx@qq.com

图 2-1　名片设计方案 1

湛镜 James King
总经理 general manager

成都市龙潭工业园区成宏路18号钢铁领域
A座█████

Tel: 028-8331×××× 　Mp: 139×××7088
We:www.deshengjidian.com
E-mail: 51295xxxx@qq.com

图 2-2　名片设计方案 2

再看看图2-3和图2-4，哪张海报更引人注意？

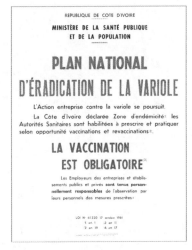

图2-3　海报设计方案1　　　　　　图2-4　海报设计方案2

　　明显两个右图比两个左图更引人注意，因为两个右图有更多更大的图片。人的眼睛天生是看图的，所以，图片比文字更引人注意，图片的视觉度强于文字。在版面中增添照片或插图能够提高视觉度，可以让人有继续读下去的兴趣。

2. 强度

　　那么，是不是所有图片的视觉度都是一样的呢？先做个视觉强度测试，快速扫视图2-5，然后按记忆强度回忆排序。

图2-5　视觉强度测试

图片可分为两类：写实性的和抽象性的。一般来讲，在同等大小的情况下，抽象图形的视觉度强于写实图形，图 2-5 中猫和斑马的卡通图片比较抢眼。这是因为简单的图形更容易记忆，所以人天生对简单的图形更加敏感。

一般来说，人像最具有表现力，尤其是脸部，最弱的是风景，如云、海之类的，它能给人平静的感觉。上面的 12 张照片中，人像的印象最为深刻，最弱的是天空（排除个人的兴趣）。通常来说，看到人的形象后会让人兴奋，适合做主体。而天空、大海和草原的吸引力最弱，可以让人情绪平静，适合做背景。图片的视觉强度可以按以下顺序来排列。

抽象图案 > 具象图案 > 人物（脸部 > 其他部位）> 动物 > 植物 > 景物 > 文字

强 ←——————————————————→ 弱

图 2-6　视觉强度的一般规律

3. 结论

一个版面设计，如果只有文字的排列而无图形的插入，就会显得毫无生气；相反，只有图片而无文字或视觉度低的信息，则会削弱沟通力和亲和力，受众的阅读兴趣也会减弱。因此，需要选择适当的图片视觉度，以传递正确的信息。

表 2-1　视觉度与版式调性的关系

版面类型	视觉度	效果	感受
严谨类版面 （词典、法典、论文等）	低	太高会破坏严肃性	严肃
趣味类版面 （时尚杂志、儿童读物等）	高	增加阅读兴趣	活泼

特别提示：低品质的图片会降低信赖感，甚至会让客户对公司丧失信任，导致客户的流失。所以需注意以下两点。

（1）制作时要选择清晰的、没有压缩过的图片，印刷媒体使用图片的分辨率必须在 300dpi 以上。

（2）切忌不等比缩放。

主题 **02**

图 版 率

　　图片与文字是最主要的两个版式设计元素，那它们之间有何关系呢？下面就来探讨一下对象调性的基本关系。

1. 概念

　　版面中的图片跟文字所占的面积比叫作图版率。如果版面全是文字的话，图版率为0，如图2-7所示；如果全是图的话，则图版率为100%，如图2-8所示。

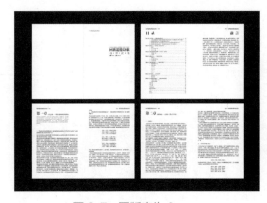

图2-7　图版率为0　　　　　　　　　　　　　图2-8　图版率为100%

　　注意：视觉度与图版率的区别是，"图版率"是指相对于文字而言，图片所占的比率，用"%"来表示；而"视觉度"是指图片视觉吸引力的强弱。如图2-9所示，左图视觉度高而右图图版率高。如图2-10所示，同样的版式和图片，左图的图版率高于右图。

图 2-9　视觉度与图版率的比较

图 2-10　左图的图版率高于右图

2. 结论

（1）提高图版率可以活跃版面。没有图的版式显得很压抑，容易令人窒息，这种版式只适用于字典、法规等特殊用途的书籍。而加上一张图片后的感觉就完全不同了，显得很有生气，可以让人产生阅读的兴趣，如图 2-11 所示。

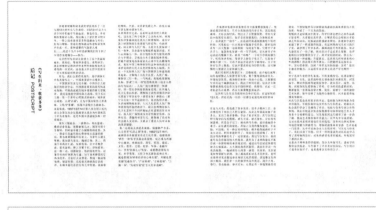

图 2-11 提高图版率可活跃版面

（2）完全没有文字的版面显得空洞。增加图版率可以增加版式的亲和力，在达到 50% 左右时，亲和力急剧上升。但图版率一旦超过了 90%，或者没有文字，反而会变得空洞无味，给人单调的感觉。如果稍微加入一点文字，版式又会活跃起来，如图 2-12 所示。

图 2-12 适当加入文字可活跃版面

图 2-12　适当加入文字可活跃版面（续）

（3）选择适当的图版率，以传递正确的信息。

表 2-2　图版率与版式调性的关系

版面类型	图版率	效果	感受
严谨类版面 （小说、诗集等）	10% 左右	太高会破坏严肃性	严肃
一般读物 （故事、报纸等）	30% 左右	增加阅读兴趣，但如果图过多，传递的信息就会过少	↕
趣味图书 （娱乐杂志、儿童读物等）	50%~90%	创造活跃的氛围	活泼

3. 拓展

可根据对象调性控制图版率，以下是两个基本方法。

（1）通过图片的数量和尺寸来控制图版率，如图 2-13 所示。

图2-13　数量面积不同，图版率相同

（2）页面底色会改变图版率给人的印象。在版面或小图片中铺底色，可以给人以图版率高的印象，如图2-14所示。

图2-14　添加底色可提高图版率

主题 **03**

跳　跃　率

版面中的跳跃率是指版面中面积最大的元素和面积最小的元素之间的比率。一般来说，版面中的跳跃率主要包括文字的跳跃率和图片的跳跃率。

1. 文字跳跃率

版面中的字体大小的比率叫作文字跳跃率，比率越大，跳跃率越高。如图 2-15 和图 2-16 所示。

图 2-15　低文字跳跃率　　　　　　　　　图 2-16　高文字跳跃率

通过图 2-15 与图 2-16 的对比可知：较高的文字跳跃率可以吸引人的注意力。降低跳跃率会给人以高品质、平静沉着的印象。提高跳跃率会给人健康、有活力的印象，如图 2-17 和图 2-18 的左右图对比。

图 2-17 高低跳跃率对比 1

图 2-18 高低跳跃率对比 2

2. 图片跳跃率

版面中面积最小的图片与面积最大的图片的面积比，叫作图片跳跃率。比率越大，跳跃率越高。如图 2-19 与图 2-20 所示，图片跳跃率低，给人以稳重、高品质的感受；图片跳跃率高，给人以对比强烈、轻松俏皮的感受。

图 2-19　图片跳跃率低

图 2-20　图片跳跃率高

　　与文字跳跃率一样，图片跳跃率高同样能强调主体，引人注目，如图 2-21 和图 2-22 所示。

图2-21　网店设计方案1

图2-22　网店设计方案2

放大某些图片，形成主次，版面显得更有条理，如图2-23和图2-24所示。

图2-23　画册设计方案1

图2-24　画册设计方案2

特别提示：图片跳跃率有其特殊性，除了面积因素外，还与图片中的对象比例有关，因此，大框架中适合采用局部特写的照片。用大小两张照片做人物设计，原则上大框架中采用特写照，小框架中采用全身照。照片面积的大小与照片中物体的繁简程度进行对比，可以增强跳跃率，如图 2-25 和图 2-26 所示。

图 2-25　小框架中采用全身照

图 2-26　大框架中采用特写照

3. 调整方法

（1）调整文字大小：可先改变文字的大小，再加粗，如图2-27所示。

蓉城
成都是"首批国家历史文化名城"和"中国最佳旅游城市"，承载着三千余年的历史，拥有都江堰、武侯祠、杜甫草堂、金沙遗址、明蜀王陵、望江楼、青羊宫等众多名胜古迹和人文景观。

图 2-27 调整文字跳跃率的方法

（2）调整图片大小：可通过放大一张缩小另一张的方法来调整，如图2-28所示。

图 2-28　调整图片跳跃率的方法

4. 小练习

提高图2-29中图片和文字的跳跃率。

川菜
调味多变，菜式多样，口味清鲜醇浓并重，以善用麻辣著称，并以其别具一格的烹调方法和浓郁的地方风味。《川菜》，介绍了川菜主要知识。

图 2-29　跳跃率练习

主题 04

网格拘束率

张弛有度，人们的内心需要有严谨的时候，也需要有放松的时候，体现在设计上也是如此。比如，在传统的建筑设计中，前堂后室体现了儒家的严谨思想，而园林则体现了回归自然的道家思想。在版式设计中，网格拘束率是体现这些思想或调性的重要手段之一。

1. 概念

网格是一种重要的编排辅助手段，我们依靠网格对版面的框架结构进行大致的规划。网格拘束率是指文字、图片受网格约束的程度，国际主义的平面设计尤其重视这种手法。但凡事都应有个度，不同的调性需要不同的网格拘束率。可通过调整文字或图片的角度来调整网格拘束率，如图 2-30 所示。

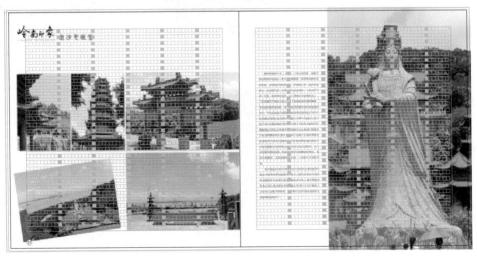

图 2-30　网格拘束率的例子

在界面设计中，网格设计是一种重要的版面设计方法，如图 2-31 所示。

图 2-31　网页版式设计

2. 图片的外形与网格拘束率

从版式设计的角度来讲，图片的外形可分为角版、圆版、羽化版和挖版。矩形图片为角版，它的网格拘束性最强，给人以严谨、冷静、高品质的印象，如图 2-32 所示；圆形图片叫作圆版，较角版而言更能集中视线，一般用来做局部特写，如图 2-33 所示；边缘模糊的图片叫作羽化版，给人以柔美的印象，如图 2-34 所示；边缘不规则的为挖版，强调外形，网格拘束性最低，给人以自由活泼的印象，如图 2-35 所示。

这里我们主要研究角版图片与挖版图片。

图 2-32　角版

图 2-33　圆版

图 2-34　羽化版

图 2-35　挖版

3. 结论

　　观察前面的图片可知：正放的角版图片网格拘束率高，而挖版图片的网格拘束率低。

　　（1）在大量角版中适当地加入少量挖版，既能够打破沉闷，又不至于破坏原有的冷静气氛。在角版中只插入一个挖版，这种对比效果可以活跃整个版面的气氛，并突出置于挖版上的物体。如图 2-36 所示。

图 2-36　在大量角版图片中加入一张挖版图片，可活跃版面、突出挖版图片

　　（2）在大量挖版中加入角版可以稳定画面。大部分图像使用挖版，不受网格的拘束，给人自由的感受。但插入一些角版在中间，能起到稳定画面的作用（避免过于自由而显得凌乱），更能突出挖版的自由感，如图 2-37 所示。

图 2-37　在大量挖版图片中放入角版图片，可稳定版面

注意：重要的、严肃性的人物和事件不适合用挖版。因为挖版的版式设计语言是轻松活泼的风格，会破坏其严肃性。

（3）严格拘束于网格的版面体现理性化，给人以稳重的印象；脱离网格则有自由的感觉，可营造轻松有趣的氛围。如图2-38与图2-39所示。

图 2-38　拘束率高的版面

图 2-39　降低拘束率的版面

（4）要体现庄重、高格调，宜使用高网格拘束率的版面设计，如图2-40所示。

图 2-40　网格拘束率表现的调性对比

（5）选择正确的网格拘束率，以传递正确的信息。

网格拘束率与版式调式调性的关系如表 2-3 所示。

表 2-3　网格拘束率与版式调性的关系

版面类型	网格拘束率	效果	感受
严肃、严谨、高端类版面 （企业报表、财经杂志、高端 产品、学术杂志等）	高	给人以条理清晰、可靠、严谨、高品质的印象	严肃 ↕ 活泼
趣味类版面 （时尚杂志、儿童读物等）	低	增加阅读兴趣	

主题 05
空 白 率

"有"与"无"同为物质存在的状态，只是一个可见一个不可见。正如国画的留白，平面构成中的图与地，文学中的实写与虚写，谈话中的弦外之音，在版式设计语言中，也可以通过空白率来表达不同的调性。

1. 概念

空白率是指版面中的图片文字所占的面积与空白面积的比率，空白越多，空白率越高。如图 2-41 所示，使用较低的空白率，体现了使用者是个热情、有干劲的人；图 2-42 使用了较高的空白率，体现了使用者是个沉静稳健、有品位的人。

图 2-41　低空白率名片设计　　　　　图 2-42　高空白率名片设计

2. 方法

可通过调整内容、缩放文字和图片、调整版心大小等方法来控制空白率。这里着重讲述版心的控制，版心越大，上下左右的空白就越少。也就是说，版心大，四周空白就少；版心小，四周空白就多，如图 2-43 所示。新媒体中也有类似的版心。

在版式设计编排的时候，默认都是上下左右一样的宽度，但是根据人的视觉规律，视觉中心其实在中心偏上的位置。威廉·莫里斯的版面设定理论为：英文排版中，按照"订口：天头：切口：地脚＝1：1.2：1.44：1.73"的比例来设计，如图 2-44 所示。但此理论不大适用于东方文字（如汉字、日文等方块字形的文字）的编辑。

3. 结论

（1）扩大页边空白，缩小版心：典雅、高级、安静、稳重，如图 2-45 所示；缩小页边空白，扩大版心：有活力、热闹，如图 2-46 所示。

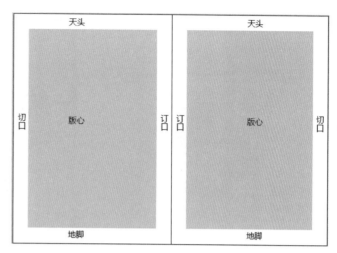

图 2-43　传统媒体版面

图 2-44　威廉·莫里斯的版面设定理论

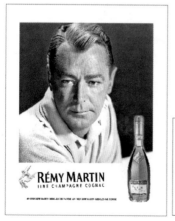

图 2-45　小版心

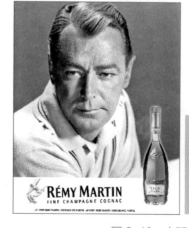

图 2-46　大版心

（2）要表现高品质、高质量的商品需要大面积的空白。图 2-47 因为空白少，显得并不高档。而图 2-48 扩大了空白量，给人以高雅、稳重的氛围和高品质感。

图 2-47　低空白率给人活力、亲民、大众化的感觉

图 2-48　高空白率给人典雅、稳重、高品质的感觉

（3）要传递古朴、恬静的感觉，宜采用高空白率的版式，如图 2-49 与图 2-50 所示。

图 2-49　低空白率给人热闹、信息丰富的感觉

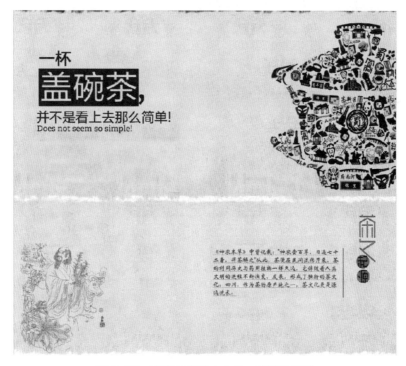

图 2-50　高空白率给人古朴、恬静的感觉

（4）低空白率能够体现丰富的信息。在我们日常接触的印刷物品中，空白率最低的一般是报纸。报纸以丰富的信息来吸引读者，所以低空白率是很必要的。一些娱乐杂志和书籍也是如此，如图 2-51 所示。

注意："穷寇勿追，围师必阙"，在版式设计中，空白也不宜四面都被围起来，因为这样反而会成为视觉焦点，如图 2-52 所示。

图 2-51　低空白率体现信息丰富　　　　　图 2-52　空白不宜被围死

表 2-4　空白率与版式调性的关系

版面类型	空白率	效果	感受
信息量大的版面 （报纸、杂志、分类信息网站等）	低	有活力、热闹	热闹 ↕
稳重的版面	高	高雅、典雅、安静	安静

主题 **06**

文字外观

文字是版式设计中的重要元素之一，文字外观也是版式设计的关键。这里从对齐、字体、间距和字数四个方面来探讨基本的版式设计规律。

1. 对齐

对齐主要有对齐型、居中型和自由型三种方式。对齐型又可以分为齐头齐尾型、齐头散尾型和散头齐尾型，即软件中的两端对齐、左（上）对齐和右（下）对齐。下面来感受一下这几种对齐方式的调性。

齐头齐尾型能表达中庸的、理性的、严肃的、冷静的调性，如图 2-53 所示。

齐头散尾型介于齐头齐尾型与自由型之间，有中国书法的韵味，如图 2-54 所示。

散头齐尾型与齐头散尾型感觉相似，如图 2-55 所示。但这种对齐方式每行文字不宜过多，否则会增加阅读难度。

图 2-53　齐头齐尾

图 2-54　齐头散尾

图 2-55　散头齐尾

居中型能表达高格调的、优雅的、欧洲古典的调性，如图 2-56 所示。但每行文字不宜过多，否则不方便阅读。

自由型能给人自由的、活泼的、轻松的、可爱的感觉，如图 2-57 所示。

除此之外，在对页版式设计中，还有朝向书脊对齐与背向书脊对齐等对齐方式，这些方式能创造较好的视觉效果，但每行文字不宜过多，如图 2-58 所示。

文字的对齐方式是表现对象调性的手段之一，下面通过一些常见的平面设计来探讨文字对齐方式与对象调性之间的关系。

（1）齐头散尾型的文字排列是所有排列方式中最理性、最稳重的类型，给人以诚信可靠、精明干练的印象，如图 2-59 所示。

图 2-56　居中对齐　　　　图 2-57　自由对齐

图 2-58　朝向书脊对齐

图 2-59　齐头散尾

（2）居中型的文字排列最适合在低图版率的版面中，能够体现艺术感和高雅感，给人以高格调、有文化品位的印象，如图 2-60 所示。

（3）自由型的文字排列可塑造非商业者的形象，如图 2-61 所示。

　　图 2-60　居中对齐名片设计　　　图 2-61　自由对齐名片设计

（4）齐头齐尾的排列给人严谨理性的感觉，再配上低跳跃率和高空白率等，更能加强严谨理性的调性，如图 2-62 所示。

（5）自由型的文字排列给画面增添了活力，使整个版式显得轻松舒畅，如图 2-63 所示。

图 2-62　齐头齐尾的文字

图 2-63　自由排列的文字

（6）让文字排列的方式保持统一：无原则的随意混排文字会使版面变得难以阅读，同时给人以低品质之感。图 2-64 用左对齐，比较理性清爽；图 2-65 与图 2-66 用混合对齐，给人以不安、不能信赖的感觉。

图 2-64　左对齐文字　　　　图 2-65　混合对齐文字方案 1　　　　图 2-66　混合对齐文字方案 2

2. 字体

　　字体就是字的样子，虽然和照片与插图相比，文字给人的印象较微弱，但是只要注意观察就能发现字体也能传递很多信息。前面说过，字体在版式设计中可分为印刷体、书法体和艺术体三类，而印刷体在现代设计中又派生出一类无饰线体——黑体，所以这里将字体大致分为四类：黑体、宋体、书法体和艺术体，每种字体都有自己的特点。

　　黑体：笔画粗，线条简洁，给人以冷静、理性和现代之感，如图 2-67 所示。

　　宋体：有现代与古典结合之感，最易于阅读，如图 2-68 所示。

　　书法体：可以创造古朴、艺术的气氛，如图 2-69 所示。

　　艺术字体：变化很多，新颖别致，个性鲜明，如图 2-70 所示。

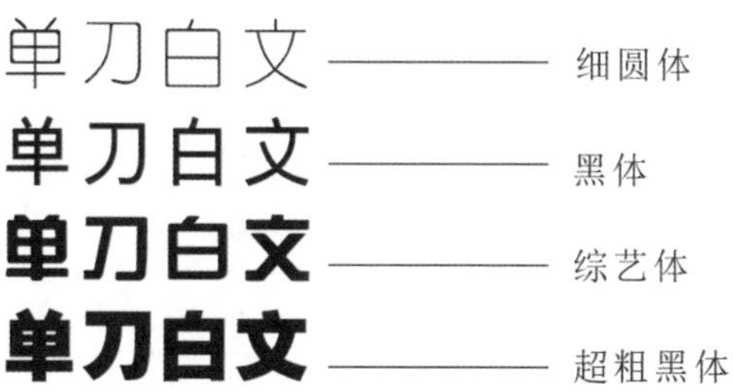
单刀白文　细圆体
单刀白文　黑体
单刀白文　综艺体
单刀白文　超粗黑体

图 2-67　黑体字代表

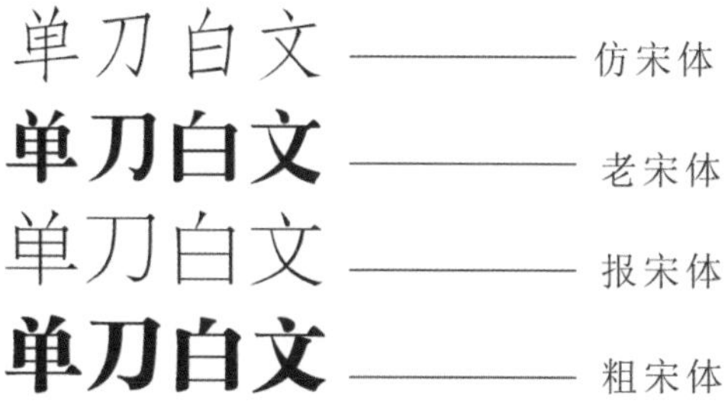
单刀白文　仿宋体
单刀白文　老宋体
单刀白文　报宋体
单刀白文　粗宋体

图 2-68　宋体字代表

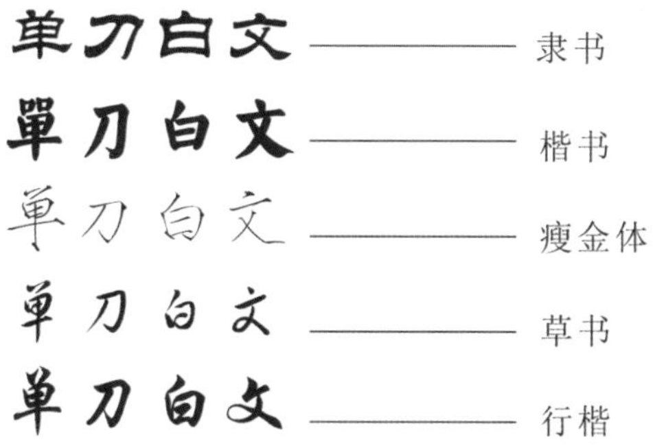
单刀白文　隶书
單刀白文　楷书
單刀白文　瘦金体
单刀白文　草书
单刀白文　行楷

图 2-69　书法体代表

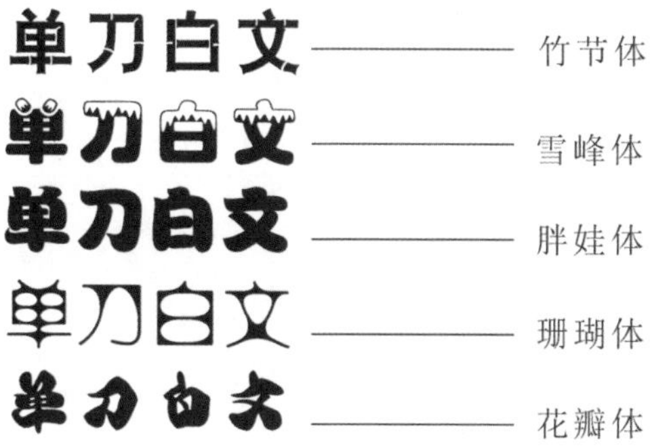
单刀白文　竹节体
单刀白文　雪峰体
单刀白文　胖娃体
单刀白文　珊瑚体
单刀白文　花瓣体

图 2-70　艺术字体代表

故得出以下两个结论。

（1）应选择与文章内容相符的字体。如果想要传达的信息内容与字体给人的感觉不相符，受众就达不到共鸣，无法产生阅读的兴趣。比如，图 2-71 所示的现代黑体字无法表现历史感，而图 2-72 所示的书法体则体现了其历史文化底蕴。

千年老窖
唐宫悦
千年古窖
Millennium cellar
消费满 600 再送一瓶　消费满 800 再送两瓶
折扣献礼大促
Designed by 58pic.com

图 2-71　黑体不适合表现历史感

千年老窖
唐宫悦
千年古窖
Millennium cellar
消费满 600 再送一瓶　消费满 800 再送两瓶
折扣献礼大促
Designed by 58pic.com

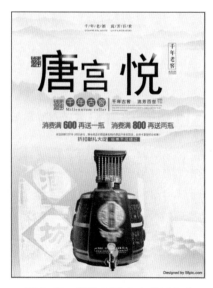

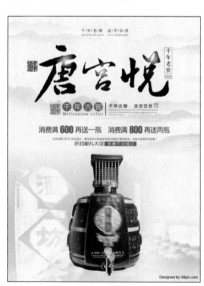

图 2-72　书法体较适合表现历史感

（2）笔画粗的字体给人以充满力量的、男性化的感觉；笔画细的字体给人以柔美的、女性化的感觉。大的文字体现精神和活力；小的文字体现高贵和品质。如图2-73所示的四个名片设计方案。

图 2-73　粗细笔画字体比较

注意：大小是相对的，没有比较也就没有大小的概念。若想增加版面活力，可如前所述，在大号文字旁边增加小号文字，以提高跳跃率，增加活力。

3. 间距

间距分为字间距和行间距。

字间距：也称字距，一般来讲，汉字的字间距不宜过小，太小不易阅读。汉字的标准字距为字宽的1/10。使用大号文字做标题时，可以适当紧缩字距。扩大字距，给人以高格调之感，如图2-74所示。但过大则显空洞。

三山半落青天外

三山半落青天外

三 山 半 落 青 天 外

图 2-74　字间距比较

行间距：也称行距，指从一行文字的底部到另一行文字底部的间距。行间距大，阅读轻松，显得雅致，网上文章的行间距往往比较大，就是为了减少视觉疲劳，增加可读性；而行间距小则感觉粗劣，尤其是在字数较多的情况下，相当难以阅读，如图 2-75 与图 2-76 的效果比较。

注意：行间距需要大于字间距，不然很容易搞不清是横排文字还是竖排文字。

4. 字体大小

标题文字的设计空间很大，这里的文字大小指的是正文里的文字大小，即字号。在常规软件中，默认中文大小为四号或五号，12 点（磅）也比较合适，1 点（磅）约合 0.353mm，五号字接近 4mm，是普通书籍的正文字号。大多数报纸、杂志中的正文要小一两个字号，大约是 8~10 点（磅），字典、包装中的文字字号更小。

因此，要想显得雅致，可以在保证能看清正文的情况下使用较小的字号。如图 2-77

图 2-75　将行间距调小

图 2-76　适当加大行间距

图 2-77　使用较小的字号

所示，在 A4 的版面上，正文用的是 9 点（磅）字号，显得比较雅致；而图 2-78 用的是 16 点（磅）字号，给人比较活跃的感觉。

注意：在其他媒体上，可根据远近来测试字号大小。

图 2-78　使用较大的字号

5. 艺术字

艺术字即软件中所谓的"装饰文字"，但跟前面的"艺术字体"不同，"艺术字体"有字库，能够直接打出来，而"艺术字"则是通过设计者设计加工出来的（软件中也能直接插入一些艺术字）。若要传递稳重、典雅的调性，文字可用水平或垂直的排列；若要

图 2-79　水平排版

图 2-80　加入透视、描边、投影效果

提高视觉冲击力、制造热闹氛围，可制作艺术字，如图 2-79 和图 2-80 所示。

在实际设计中，还可以运用变形文字、绕路经、立体化及拟合图形等方法来制作艺术字。

6. 每行字数

一般来讲，每行字数在 30~50 个（包括空格），超过这个长度就会让人感到疲倦，因为难以判断字行的开头和结尾位置。适当地增加或减少字数可以传递不同的信息。每一行的字数多，有轻松舒畅和高格调的感觉，但要注意行距不能过于紧密，否则会增加阅读难度。每一行的字数少，给人以活跃和信息丰富之感，就算行距较为紧密也不会影响阅读，如图 2-81 所示。

　　一般来讲，每行字数在 30~50 个（包括空格），超过这个长度就会让人感到疲倦，因为难以判断字行的开头和结尾位置。适当地增加或减少字数可以传递不同的信息。每一行的字数多，有轻松舒畅和高格调的感觉，但要注意行距不能过于紧密，否则会增加阅读难度。每一行的字数少，给人以活跃和信息丰富之感，就算行距较为紧密也不会影响阅读。

　　一般来讲，每行字数在 30~50 个（包括空格），超过这个长度就会让人感到疲倦，因为难以判断字行的开头和结尾位置。适当地增加或减少字数可以传递不同的信息。每一行的字数多，有轻松舒畅和高格调的感觉，但要注意行距不能过于紧密，否则会增加阅读难度。每

　　一般来讲，每行字数在 30~50 个（包括空格），超过这个长度就会让人感到疲倦，因为难以判断字行的开头和结尾位置。适当地增加或减少字数可以传递不同的信息。每一行的字

　　一般来讲，每行字数在 30~50 个（包括空格），超过这个长度就会让人感到疲倦，因为难以判断字

图 2-81　每行字数不同，给人的感觉也不同

本章小结

在版式设计中，六大样式是表现调性的重要手段。调性有很多种，但是归纳起来无非就是"高档"与"大众"两个极端，即雅与俗，阳春白雪与下里巴人。在充分了解、掌握了客户的诉求后，就可以驾驭这六大样式，设计出能准确传达信息、有美感的作品。图 2-82 把本章的六大样式进行了归纳，望读者参考。

大 众（俗）			高 档（雅）	
视觉度	跳跃率	图版率	文字对齐、细、小、每行	空白率
				网格拘束率

调性

图 2-82　表现调性的六大样式

第 3 章
版面调整

前面说过，版式设计的流程分三步，首先确定调性，采集好素材，然后根据调性来选择合适的样式，最后一步是将这些样式的位置关系进行一些调整。版面调整有以下六个方面。

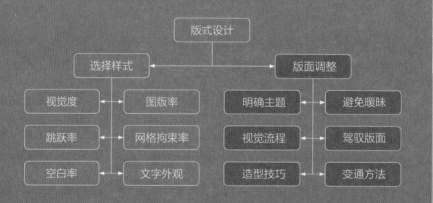

主题 01

明 确 主 题

任何作品都有主题，好的作品需要突出主题，版式设计亦是如此，明确主题可以使信息有条理，便于阅读。那么，在版式设计中应该如何明确主题呢？以下是几种常见的方法。

1. 改变大小

放大主题部分，缩小次要部分。以图 3-1 所示的名片为例，名片中的信息很多，如果不加以区别就会给人以混乱之感。图 3-2 改造设计后先将文字齐左，然后根据信息的重要性加以区别。我们看名片最先想要知道的就是主人的名字，所以应该放大名字，接着把其次想要知道的信息 —— 公司名称 —— 也放大（当然，要比人名小。若要突出公司名称，也可让公司名称的字号大于人名）。这样名片条理清晰，别人很快就能找到需要的信息。

图 3-1　信息混乱的名片设计

图 3-2　主题突出的名片设计

2. 添加底色

很多人会把文字直接放在图片上，但是，那样很少有人会去阅读，因为很难读，如图3-3所示。一般的方法是深色底色上用浅色字，浅色底色上用深色字。而在这种颜色比较复杂的图片中可加上底色，这样会更易阅读，如图3-4所示。

图3-3 将文字直接放在图片上　　图3-4 在图片与文字中间放上浅底色图片

3. 增加空白

给主体周围留出足够的空白，也能起到强调主体的作用。

注意：前面讲的空白率是指空白与版面的比率，指整体空白的多少，这里主要指的是主体的周围或每个内容周围的空白。

（1）空白是主题的领地，即使使用较小的字体，只要在周围留出足够的空白，也能起到突出主题的作用，并且能够给人以高品质之感。比较图3-5与图3-6，同样的素

图3-5 文字大，周围空白少

图3-6 文字小，周围空白多

材，图 3-5 的文字大、空白少，传达了有张力、大众化的调性；而图 3-6 的文字小、空白多，表现出雅致的调性。

（2）可以用线条、颜色和图案等划分空间，也可以用空白来划分空间，这样可以使版面条理清晰，不留痕迹。图 3-7 的排版很紧凑，显得内容很丰富；图 3-8 加大了内容之间的空白，显得更有条理。

图 3-7　空白少，给人信息丰富之感　　图 3-8　空白多，显得条理清晰

4. 添加外框

标题的文字大一点，周围留足够的空白，可以突出主题且表现高品质，若要进一步强调重点，可以把文字框起来。如图 3-9 所示，标题周围有足够的空白，主题比较突出；如图 3-10 所示，再加上边框，主题就更加突出了。

图 3-9　标题周围留足空白　　图 3-10　加上边框主题更突出

主题 **02**

避 免 暧 昧

好的艺术作品是，一千个人看了同一个作品会有一千个结论；而好的设计是，一千个人看了同一个设计只有一个结论。因此，在版式设计中要明确而不能暧昧，不能产生歧义或误读，要让受众一眼就能看出物体间的关系。在图3-11中，我们看不出四张图片是以何种方式组合在一起的。但在图3-12中，我们很容易就能说出四张图片的关系。

避免暧昧就能避免混乱，具体来说，避免暧昧的方式主要有以下几种。

（1）信息分区。物以类聚，人以群分，在版式设计中也要注意分类。将同一类信息合并为一个板块，让受众一眼就能看出物体间的关系。信息分区能够使画面工整，条理清晰，各组图片和文字都有各自的区域。图3-13中的图片混乱，根本无从读起，看完也不知所云；而图3-14则分门别类，让人一目了然。

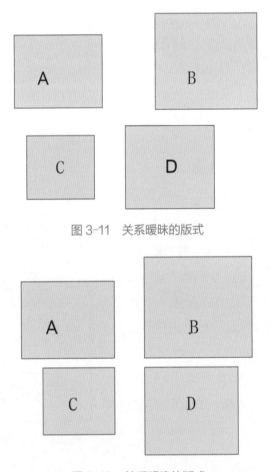

图3-11 关系暧昧的版式

图3-12 关系明确的版式

图 3-13　没有信息分区的展板设计

图 3-14　条理清晰的展板设计

注意：可通过加大间距，增加线、线框或底色等方式来划分版面区域。

（2）图文对应。图片的说明文字应该适当靠拢对应的图，图 3-15 中的文字位置暖昧，难以看出文字对应哪张图；而图 3-16 中的图文关系则一目了然。

图 3-15　说明文字与图片关系暧昧　　　　图 3-16　说明文字与图片关系明确

（3）添加段前距和段后距。让受众清楚地知道这一段的内容已经结束了，下面是新的内容。图 3-17 中没有段前距与段后距，而图 3-18 加上段前距与段后距后就增加了可读性。

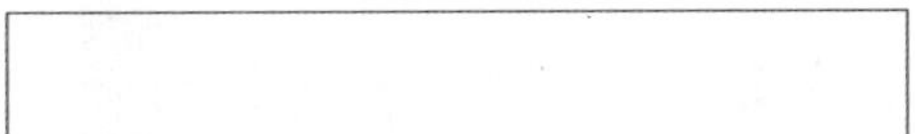

图 3-17　没有段前距与段后距的文章 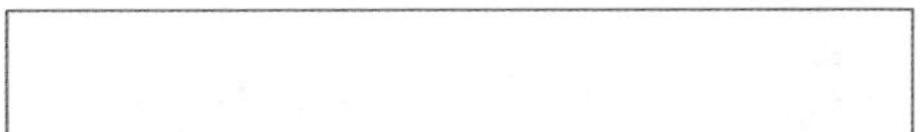　　　　图 3-18　增加了段前距与段后距的文章

（4）对齐文字、段落和图片的边线。图 3-19 中的四张图片是一个类型的，而第四张图片的大小与位置和前三张都不一样，让人难以看出与前三张是同一类型的；图 3-20 将四张图片的大小与位置调为一致，用版式设计语言表现了四张图片的关系。

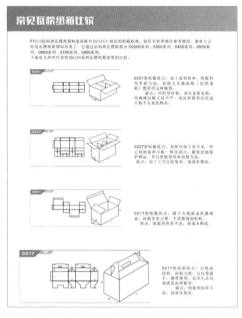

图 3-19　图片的大小与边界不一致

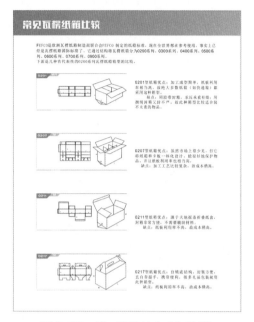

图 3-20　统一图片的大小与边界

主题 **03**

视 觉 流 程

　　商业设计不等于艺术设计，不是要表达自身的感受，而是要表达客户的诉求；不是从自我的角度出发，而是从客户和受众的感受出发。简单地说，就是以人为本。版式设计如同室内设计或展示设计，也要考虑"路线"，只不过版式设计考虑的是视觉"路线"，也就是视觉流程。现代社会信息量大，生活节奏快，所以设计以简洁为佳，视觉流程也要简洁明了、一目了然。现如今，我们的阅读习惯已经由"从右到左，从上到下"变为"从左到右，从上到下"。

1. 适应视觉流程

　　在观看版面的时候，视线总会有流向。一条垂直线会引导视线上下流动，一条水平线会引导视线左右流动，斜线则有运动感。统一画面元素的流向可以使画面更简洁，如图 3-21 所示，受众的视线随着人物的动态性，很自然地从眼睛流向文字，转了个约 120° 的角，视觉路线比较流畅，阅读起来比较轻松；在图 3-22 中，受众看了人物面部后，需要再次回到文字，从上往下看，视线不够流畅。

图 3-21　视觉路线比较流畅

图 3-22　视觉路线有点绕

注意：(1) 由于现代人的视觉习惯，版面的诉求力一般是上部比下部强，左边比右边强；(2) 视觉中心不等于几何中心，而是比几何中心略微偏上，可以将最重要的信息安排在视觉中心，如图 3-23 所示。

图 3-23　视觉中心比几何中心略高

2. 引导视觉路径

设计师也可以通过诱导性元素来控制视线流向，引导受众去观看版面上的内容，突出重点，发挥最大的信息传递功能。

（1）文字导向。在网页和新媒体中常有"请按这里""点击进入"等文字，如图 3-24 所示。

图 3-24　文字导向

（2）手势导向。手势比文字更直观且更有亲和力，现实中很多广告都运用此法，如图 3-25 所示。

（3）图标导向。简洁明确，常用的是箭头，如图 3-26 所示。

图 3-25　手势导向　　图 3-26　图标导向

（4）视线导向。版面中的人物或动物视线具有引导受众视线的作用，如图3-27所示。

图3-27 视线导向

（5）其他导向。用飘带、物件动态及比例反转等来引导视线，法国航空公司系列广告将这些元素运用得非常巧妙，如图3-28和图3-29所示。

图3-28 法国航空公司广告1

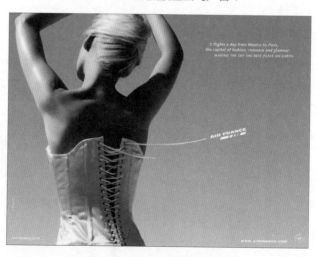

图3-29 法国航空公司广告2

主题 **04**

驾驭版面

在版式设计中，版面结构需考虑单版面和多版面，单版面要考虑版心，多版面要通盘考虑其结构；单页排版要考虑版心四角，跨页排版还需考虑装订工艺。

1. 控制四角

版心四角是版面中最重要的部分，只要在四角配置小的板块，就能使整个版面显得很工整，有提高格调的效果，如图 3-30 与图 3-31 所示。

图 3-30　未控制版心四角的版面

图 3-31　控制版心四角的版面

注意："控制四角"并非一定要把四角都填满，只需抓住两个对角，最多抓住三个角就够了。正如古人所说的"围师必阙"，要给版面留一点呼吸空间。

2. 注意页面关系

（1）明确各个页面的作用。以书籍为例，封面是一本书籍的脸面，是主要内容的概括；扉页更加简洁，是封面与内容的过渡与缓冲；正文页图文丰富。不要把扉页设计得像正文页，也不要将正文页设计得风格不统一。

（2）定下规则。设计小册子的时候，要始终保持一致性（除非设计的是那种前卫的、实验性质的册子）。这样更易浏览，更易阅读，更为清晰明快。比如，你要翻到一本书的第32页，却发现所有的页码都在书页的不同位置，那将会多么烦人，多么不方便！所以在设计时应保证页码、字体、字号及间距等在风格和位置上都一致。当然，可以将不同的字体用于不同的部分或文章。

如图3-32所示，各种规则都一样，比较和谐；而图3-33在底色、页码及标题文字等方面都做了变化，感觉比较别扭。

图3-32　画册内页风格统一

图 3-33 画册内页底色、标题及文字风格不统一

（3）注意装订方式。胶装一般是单页版面设计，因为需要留订口；对页版面设计将两对页拉通设计，视野更开阔，设计余地更大，但对装订方式及工艺的要求也更高，如图 3-34 所示。

图 3-34 单页版面与对页版面

主题 **05**

利用造型技巧

三大构成是设计的基础，也是版式设计的基础，里面的"变化统一""点线面黑白灰"及"对称均衡，节奏韵律"等造型技巧同样可以运用到版式设计之中。

1. 节奏与韵律

节奏就是让版面元素按一定的规律排列，以形成节奏感。将文字或图片排列得有节奏感，有助于加强画面的美感。韵律是在节奏的基础上增加一定的情感色彩。前者着重运动过程中的形态变化，后者运用神韵变化给人以情趣和精神上的满足。如图 3-35 所示，将长短不一的图片一边对齐，就有了高低不平的节奏感；再将文字稍微错开，就有了韵律与乐感。

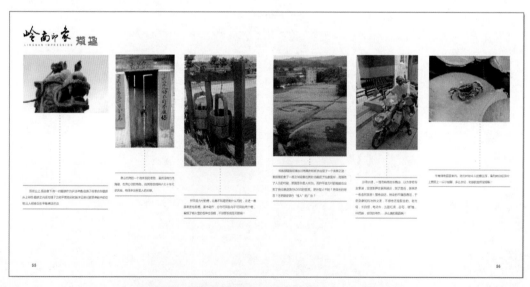

图 3-35　将版面中的图片与文字设计出节奏与韵律

2. 对称与均衡

对称是等量等形，均衡是等量不等形。打个比方，如果对称是天平左右必须重量相等，那么均衡就是杆秤四两拨千斤。万事万物都要平衡，可以对称，也可以均衡。在版式设计中，保持平衡可以增加信赖感，在调整形态时能够起决定性作用，打破平衡的形态无法体现美观。

对称给人以稳定、沉静、端庄、大方的感觉，产生秩序、理性、高贵、静穆之美。人、动物、很多建筑物、家具、产品等都是对称的。图3-36 就是对称版面设计的一个代表案例。在图 3-37 中，月亮和灯笼离得很近，左重右轻，不平衡；图3-38 把灯笼放到右上角，像一个秤砣，将版面搁平，视线从左向右流动，形成了动感、均衡的画面。

3. 呼应

将两个相似的形态或颜色分别放置在左右两个版面

图 3-36　对称的版式设计

图 3-37　略显左重右轻的版式

图 3-38　均衡的版式

中，让它们相互呼应。放置相互呼应的形或色可以起到连接左右版面的作用，使两个版面显得统一，并且可以使受众的目光在左右两个版面间流动，产生动感和趣味。

图3-39所示的这个版面也没有什么问题，但若将左页的葡萄图片换为高脚杯图片，则可与右页的高脚杯外形形成呼应，更有趣味，如图3-40所示。当然，也可以在一本册子中的多个页面之间相互呼应。

图 3-39　画册内页版面设计

图 3-40　左右版面的图形形状呼应

4. 比例

毕达哥拉斯认为，"美是数的和谐"，他将世间万物都用一种数学的方式（如数字关系和比例关系）来表达。如图3-41所示，黄金比1:1.618是最悦目的比例；但版式设计（主要是开本设计和图片比例设计）中最常见的比例是1:1.414，因为这个比例比较端庄，并且随便怎么对折，其比例都是1:1.414；1:1的正方形也是很常见的比例，给人以稳定、平静、严肃的感觉，常用于画册，合上是正方形，翻开是2:1的长方形，如图3-36所示；1:2的长方形修长，很多画册就取这个比例，合上是长方形，翻开是正方形，如图3-40所示。

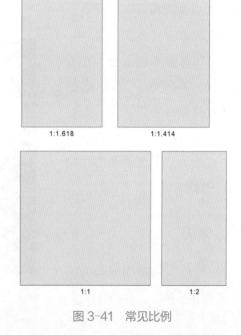

图 3-41　常见比例

主题 **06**

变 通 方 法

　　"阵而后战，兵法之常，运用之妙，存乎一心"，设计虽然有一定的规律和方法，但却不是只有这些方法，只有不断探索，才能取得进步。若是前面讲过的方法都不能直接套用，那就不能做设计了吗？显然不是，只要开动脑筋，总能找到一些方法。下面就举几个例子，抛砖引玉，希望读者能够举一反三，灵活运用，创造出更多的方法。

1. 没有图片

　　在完全没有图片的情况下，可改变底色和字体来保证正文的易读性，如图 3-42 所示。

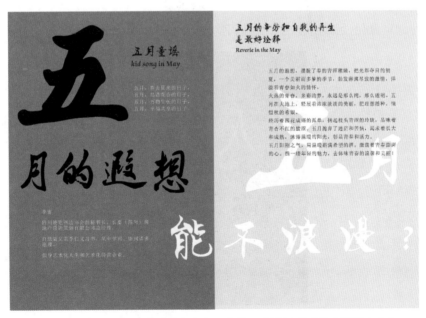

图 3-42　完全没有图片时可在底色、字体、字号及明暗等方面做出变化

2. 图片较小

当图片尺寸较小，找不到合适的图片但又不想降低版面率时，可通过加色块和图片重复等方法来组织页面，如图 3-43 所示。当然，要想把挖版图片做成角版图片，也可以运用增加色块底色的方式来处理。

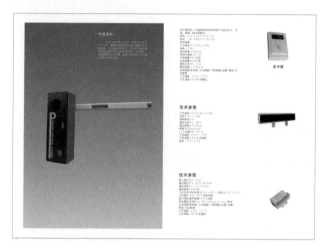

图 3-43　图片尺寸小可做成挖版再加上底色

3. 字体太少

可在大小、颜色上做出疏密浓淡等调整，如图 3-44 所示。

图 3-44　字体少时可在文字的大小疏密浓淡等方面做出变化

4. 长宽不一

图片长短不一时，可调整配文或 Logo 等的位置以取得均衡，如图 3-45 所示。

图 3-45　图片长短不一时可用均衡构图的方法加以平衡

5. 图文冲突

图片与文字冲突时，可将挖版图片盖于文字上方，只要不影响阅读即可。图 3-46 是通常的处理方式，即将文字放于图片上方。在不影响阅读的前提下，可将图片置于文字上方，这种方式更胜一筹，如图 3-47 所示。

注意：若是背景丰富的照片，可只将与文字冲突的部分的背景抠掉，形成半挖版，如图 3-48 所示。

图 3-46 将标题文字置于图片上

图 3-47 在不影响阅读的前提下将图片置于文字上

图 3-48 将图片处理为半挖版避免图文冲突

6. 只有一张图

在版式设计中，有时要花比设计更多的时间去搜寻合适的图片。若只有一张图，又没有时间去找图片，却要做出丰富的版面，这时可以采用前面大胆裁切、配合文字与色块的大小疏密浓淡来处理的方法，但这里推荐一种"一图多用"的方法。例如，只有一张图片，如图 3-49

图 3-49　将一张大图初步分割为几张图片

所示，通过分割可以将这张图片用在不同的地方，如图 3-50 所示。由于是同一张图片，所以它们的色调及图案都非常统一，整个设计就会比较协调。要将买来的图片物尽其用，一张图片用于一个甚至多个版面！

图 3-50　将分割后的图片用于版式

本章小结

　　本章是版式设计的最后一步——根据目标调性将选好的样式进行微调。本章以大量的实战案例来阐明四个关键词：明确、人本、艺术、变通。

　　明确即不含糊，明确关系不暧昧，明确主题不含糊。

　　人本即以人为本，设计始终是为人服务的，要考虑视觉习惯，提高用户体验，提高可读性。

　　艺术是相通的，可将其他艺术的规律融入版式设计之中，提高艺术品位，为版式设计增色。

　　设计没有标准答案，但却有规律可循，在把握版式设计规律时不可墨守成规，要善于变通。设计其实就是解决问题，在设计过程中要勇于创新，探索出更多解决问题的方法。

第4章
版面配色

色彩传递信息最快，能迅速为版面定调，很多设计师有时搭配色彩很顺利，有时却怎么设计都难以奏效……色彩搭配究竟有什么规律？如何才能配出和谐美观、符合对象调性的色彩？版式设计的配色流程是怎样的？

"远看颜色近看花"，在一份设计中，传达信息最快的无疑是色彩。有人实验过，在 1 秒内 85% 的信息由色彩传达，3 秒内 60% 的信息由色彩传达，5 秒后 50% 的信息由色彩传达。而广告设计中有一个不成文的定律：不能在 2 秒内吸引受众注意力的设计就是失败的！前面虽然学了版式设计的主要章法，但色彩设计也不可或缺。比如，在图 4-1 与图 4-2 中，A、B 两个设计方案除了色彩之外的其他设计都一样，但给人的感觉却完全不同，所以，学好色彩设计至关重要。

图 4-1　比较两个包装，哪个看起来更像巧克力？

图 4-2　比较两个展板设计方案，哪一个更能表达祈福主题？

要把握好配色尺度，因为正确的配色能够传达准确的信息，好的配色会引起人们对商品的好感，从而产生共鸣。

那么，该如何配色呢？万物皆有规律，颜色搭配也有规律，只要遵循规律即可配出正确的表现颜色。回顾一下前面讲的版式设计流程：首先提炼出要表达的调性，然后根据调性来组织样式，最后根据主题做一些整体的调整。色彩设计也可以沿用这一流程：首先根据调性来选择正确的颜色，再将这些颜色进行合理搭配，最后进行调整来明确主题。接下来的课程会围绕这几个步骤进行设计配色。

除了版面样式能表现对象调性外，色彩也是一个重要的手段，从色相、色调、色彩的主次及分布等也能表现"高品位、奢华、亲民、快乐、天真、吉祥、甜美、健康、阳光、活力"等调性。当然，具体做设计时还要调研目标受众的性别、年龄及阶层等，另外，还要调研同行的设计风格，以便做出具有自己风格的设计产品。

主题 **01**

选择正确的颜色

合适的才是最好的，配色也是如此。这里从色相、色调两方面切入。

1. 色相

色相就是颜色的相貌，即物体所表现出的颜色，我们把色相分为七个种类：红、黄、蓝、绿、橙、紫、洋红。根据色彩的心理感受，色相有暖色系和冷色系之分，它们给人的感受如表 4-1 所示。红、黄、橙属于暖色系，蓝、绿属于冷色系，洋红、紫属于中间色系，如图 4-3 所示。

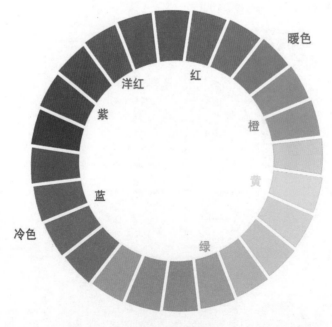

图 4-3　色相环

表 4-1　冷暖色给人的感受

冷色	暖色
清凉、理智、冷静、干净 坚实、商务 沉着、稳重 医学、科技、专业、专注	温暖、活力、强力、热闹 轻松、活泼、快乐 积极、向上 食品健康、家庭温暖

（1）红色使人想到火，表示喜庆温暖，尤其是我国的喜事都离不开红色（但不同民族、不同国度所赋予颜色的含义不同，如我国股市红色表示涨，绿色表示跌，而美国恰恰相反），比如图 4-4 和图 4-5 两个配色方案，哪个更能表现主题？

红色是食物宣传中不可或缺的颜色，表现健康、活力和力量。红色波长最长，传播最远，表现一种积极、主动和热情的态度。红色使人想到血液，所以又表示提高警惕和禁止，比较图 4-6 和图 4-7 两个设计方案，哪个更适合做警示标识？

图 4-4　升学宴海报设计方案 1

图 4-5　升学宴海报设计方案 2

图 4-6 警示牌设计方案1　　　　　　　　　图 4-7 警示牌设计方案2

（2）橙色使人想到橙子、太阳、秋天、果实，是暖色系中最温暖的颜色。给人以舒适、快乐、淳朴及幸福的感觉。

橙色明度高，在工业中一般用作警戒色，如工程机械、救生衣等，如图 4-8 和图 4-9 两个配色方案，哪个更适合作为挖掘机的颜色？橙色可作为餐厅的布置色，如图 4-10 和图 4-11 两个餐厅配色方案，哪个更能增加食欲？

图 4-8 工程机械配色方案1　　　　　　　　图 4-9 工程机械配色方案2

图 4-10　餐厅配色方案 1　　　　　　　　　图 4-11　餐厅配色方案 2

（3）黄色是彩色中明度最高的颜色，最醒目，有提醒的效果，如交通信号灯中的黄灯。黄色自然、轻松、幽默开朗，容易适应，如图 4-12 和图 4-13 两个配色方案，哪个显得更轻松明快？

在中国文化中，黄色属土，居中，是富贵的颜色；灿烂、跳跃，是儿童用具中使用频率较高的颜色；有金色的光芒，象征财富和权力，如图 4-14 和图 4-15 两个配色方案，哪个更适合作为投资理财的海报配色方案？

图 4-12　椅子配色方案 1　　　　　　　　　图 4-13　椅子配色方案 2

图 4-14 投资海报配色方案 1

图 4-15 投资海报配色方案 2

（4）绿色使人联想到植物，是一种自然能量的颜色，象征野性、自然、大地、生长、希望与青春；符合健康食品、朴素及田园等诉求，如图 4-16 和图 4-17 两个配色方案，哪种背景颜色更能给人带来生态有机的感觉？

绿色波长居中，能缓解视觉疲劳。牌桌基本用绿色，许多车间的机械颜色采用的也是绿色，一般的医疗机构场所也常采用绿色来做空间色彩规划。

图 4-16 水果海报配色方案 1

图 4-17 水果海报配色方案 2

（5）蓝色使人联想到天空、大海，是最冷的颜色，是博大的色彩，象征永恒、冷静、理智、安详与洁净。

由于蓝色沉稳，并且具有理智、准确的意象，所以在商业设计中，强调以科技、精密、效率为主题的商品或企业形象时，大多选用蓝色作为标准色。如图 4-18 和图 4-19，哪个配色方案更适合科技主题？蓝色可以稳定情绪，可用作医院、卫生设备的装饰色彩，或者用作商务装潢及服饰等色彩。如图 4-20 和图 4-21，哪个配色方案更能表现洁净诉求？

图 4-18 科技论坛背景墙配色方案 1

图 4-19 科技论坛背景墙配色方案 2

图 4-20 化妆品海报配色方案 1

图 4-21 化妆品海报配色方案 2

（6）紫色是波长最短的可见光波，它美丽而又神秘，给人优雅高贵的印象，得到女性的青睐；象征神圣、庄严、成熟、有深度和高级。观察图 4-22 和图 4-23 两个配色方案，哪个更能凸显"神秘"的主题？

由于具有强烈的女性化性格，所以在商业设计用色中，紫色也受到很大的限制，除了和女性有关的商品或企业形象之外，其他类型的设计不常采用紫色为主色。紫色处于冷暖之间游离不定的状态，属于中间色，加上它的低明度性质，构成了一种心理上的消极感。

图 4-22 旅游海报配色方案 1

图 4-23 旅游海报配色方案 2

（7）洋红色又称为品红色，它与紫色的区别在于红色与蓝色的混合比例不同，洋红更偏红一些。洋红适合表现都市的华美，象征女性的优雅、高档及清爽。观察图 4-24和图 4-25，哪个配色方案更能表现华丽与浪漫？

图 4-24　七夕促销海报配色方案 1　　　　　图 4-25　七夕促销海报配色方案 2

2. 色调

色调综合了色彩的明暗和鲜艳程度，是明度和饱和度的复合体。相同的色相，不同的轻重浓淡所传达的视觉信息也大不相同：淡色给人以轻、柔、明快、不刺激的感觉，而重色给人以厚重、沉稳的感觉。对比图 4-26 和图 4-27，哪份土豆的口味显得更清淡？再对比图 4-28 和图 4-29，哪只手表显得更高档？

图 4-26　食品色调效果 1

图 4-27　食品色调效果 2

图 4-28　手表色调效果 1

图 4-29　手表色调效果 2

所以，即使色相完全相同，但色调不同，所表达的调性仍有区别。色调可分为：无色黑、白、灰，有色黑、白、灰两大类。又可分为：原色（纯色）调、亮色（明色）调、浅色调、淡色调、深色调、暗色调、暗灰色调等，每类色调给人的感觉都不同，如图 4-30 所示。

在拾色器上也可以划分色调区域，如图 4-31 所示。

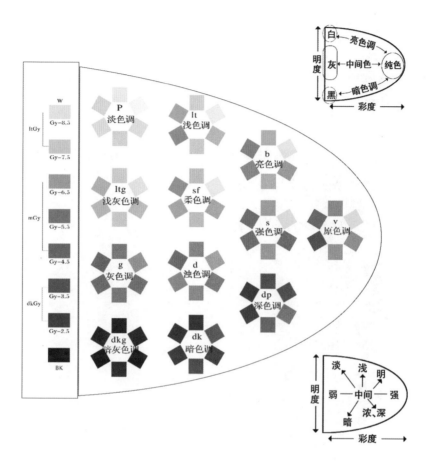

图 4-30　PSSC 色调图

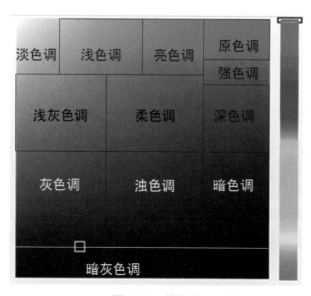

图 4-31　拾色器

这里对常用色调做一些对比探究。

（1）原色调（v），又称纯色调，不混杂白色和黑色，是最纯粹显眼的色调。表现健康积极、开放热情、活力四射、帅气盛夏的感觉。如图4-32和图4-33两个配色方案，哪个显得更有活力、更喜庆、更健康？图4-34与图4-35的绿叶哪个更清爽，更有夏天的感觉？

图4-32 灯笼色调效果1　　　　　　　　图4-33 灯笼色调效果2

图4-34 植物色调效果1　　　　　　　　图4-35 植物色调效果2

（2）亮色调（b），又称明色调，是纯色加入了少许的白色而形成的色调。给人清爽、明亮的感觉，容易让人产生好感。观察图4-36与图4-37的茶水，哪个显得更清淡？

　　图 4-36　茶水色调效果 1　　　　　　　　图 4-37　茶水色调效果 2

　　（3）浅色调（lt），是在纯色中加入较多的白色而形成的色调，给人婴儿般的柔软舒适感。观察图 4-38 与图 4-39，哪张宣传单能给人以温和、不刺激的感觉？

 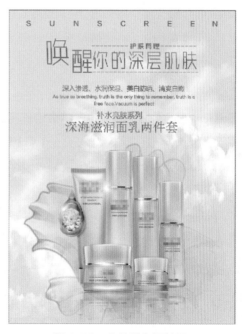

　　图 4-38　化妆品色调效果 1　　　　　　　图 4-39　化妆品色调效果 2

　　（4）淡色调（p），接近白色，显得整洁、清新。观察图 4-40 与图 4-41，哪个显得更干净、更清爽？

图 4-40　节气海报色调效果 1　　　　　　图 4-41　节气海报色调效果 2

（5）深色调（dp），是在纯色中加入灰色而形成的色调，给人以素雅、冷静、成熟、稳重和怀旧的感觉。观察图 4-42 与图 4-43，哪款拖鞋显得更加成熟稳重，更适合男性？

图 4-42　拖鞋色调效果 1　　　　　　　　图 4-43　拖鞋色调效果 2

（6）暗色调（dk），是在纯色中加入黑色而形成的色调，体现神秘和庄重，代表着男性的力量和热情，能够让作品显得传统而又古典。观察图 4-44 与图 4-45 的设计方案，哪个显得更神秘而又高格调？

图 4-44　游戏 Banner 色调效果 1

图 4-45　游戏 Banner 色调效果 2

（7）暗灰色调（dkg），接近黑色，几乎什么都看不见，其他颜色都会被衬托出来。能表现一种高格调的、男性的感觉，并且能够营造一种神秘和幻想的氛围。观察图 4-46 与图 4-47 的设计方案，哪个更醒目、更高档而又神秘？

图 4-46　海报色调效果 1　　　　图 4-47　海报色调效果 2

主题 **02**
进行合理搭配

选择好色相和色调之后，需要进行合理的搭配。同样的图片，颜色搭配不同，效果就不同，如图 4-48 和图 4-49 所示的配色方案，两朵花给人的感觉是大不一样的；图 4-50 至图 4-52 所示三个配色方案所传达的调性明显不同。这里从色相搭配、色彩数量与对象调性的关系两方面来探究。

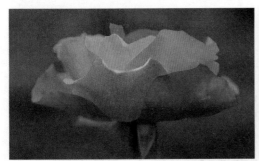 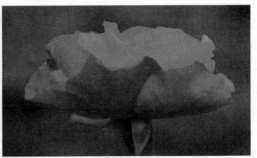

图 4-48　花朵色相搭配方案 1　　　　　　图 4-49　花朵色相搭配方案 2

图 4-50　包装色相搭配方案 1　图 4-51　包装色相搭配方案 2　图 4-52 包装色相搭配方案 3

1. 色相搭配型

颜色搭配的几种类型统称为色相型。《色彩构成》里也讲过类似的知识,色环上可分为互补色、对比色、邻近色和同类色几种类型,如图4-53所示。这里从版式设计的角度将色相型分为对决型、准对决型、三角型、全相型、微全相型、类似型、同相型、微对决型八种色相型,每种色相型的属性都不一样,如图4-54所示。下面来看看不同的色相型给人的感觉。

（1）对决型颜色即通常所说的互补色,在色相环上成180°角;准对决型颜色即对比色,在色相环上的角度比对决型要小一些。对决型和准对决型的颜色只有两种,不会显得杂乱,可表现出商务、专业、精密、合理、认真等调性。图4-55所示的海报配色以红黄为主,属于类似型,色彩较统一,表现出内敛庄重的调性;而图4-56则属于准对决型,色彩对比更大,视觉冲击力更强。

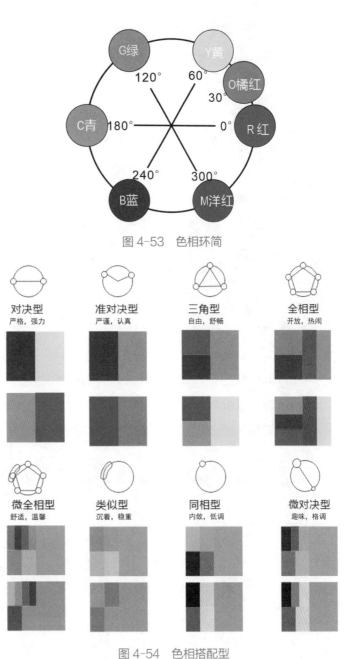

图 4-53　色相环简

图 4-54　色相搭配型

图 4-55　海报配色方案 1　　　　　图 4-56　海报配色方案 2

（2）三角型，三种颜色在色相环上正好形成三角形。三角型配色的作品可表现出时尚、成熟、畅快、洗练、开放、华丽、阳光、轻快等调性。图 4-57 所示的配色方案与图 4-55 和图 4-56 相比，就有了开放而亲切的感觉。再观察图 4-58，前两个方案都是使用准对决色，显得商务、明确，而第三个方案使用三角型则增加了开放感。

图 4-57　海报综合配色方案 3

图 4-58　三种 Banner 配色方案比较

（3）全相型，即有四种以上的颜色，可表现出舒适、自由、开放、华丽、阳光、活泼等调性。比较图 4-59 和图 4-60，哪个配色方案更适合作为儿童识字玩具？明显是图 4-59，因为图 4-60 使用类似型色相不能体现儿童的活泼与健康。

图 4-59 全相型配色方案

图 4-60 类似型配色方案

（4）微全相型是主色用大面积，其他颜色数量多但面积较小。微全相型色彩给人带来温馨、自然、大方、安详、舒适等感觉。如图 4-61 所示，淡蓝色的主色给人优雅沉着的感觉，各色的水果让人觉得快乐舒适；而图 4-62 将红色改为绿色，变为类似型配色，失去了开放感，给人以沉寂的闭锁感。

图 4-61 微全相型配色方案　　图 4-62 类似型配色方案

（5）同相型是指色相值完全相同，只是颜色的纯度和明度不同。类似型是指同色系下相邻的一种颜色。它们拒绝其他颜色的加入，给人沉着、稳重、优雅、安定的感觉。如图4-63所示，以紫色为中心的同相型色相分布能表现特有的执着感；而图4-64中加入了蓝色与绿色，由三角型色相分布变为开放感配色，整个色调就不和谐了。

图4-63　同相型配色方案　　　图4-64　三角型配色方案

（6）微对决型是同相型加少量的补色，"万绿丛中一点红"就是这个意思。给人的感觉是有趣味、有格调、精密、时尚、高调。如图4-65所示，在大面积的绿色中加入几个红色的点，既不破坏沉静的调性，又不失开放感；而图4-66将红色转换为绿色，变为类似型，华美感也就消失了。

图4-65　微对决型配色方案　　图4-66　类似型配色方案

2. 色数与调性

通过对色相搭配的分析，可以得出一个基本规律：颜色差别越大，整体调性越开放热烈，反之则越内敛低调。也可以从色彩数量的角度得出一个结论：颜色数量多，表现的调性是奔放、热闹——俗；颜色数量少，表现的调性是高档、洗练——雅，如图 4-67 与图 4-68 所示。色彩数量表达的调性大致如表 4-2 所示。

图 4-67　多色数表现热闹有张力的调性　　　图 4-68　少色数表现典雅的调性

表 4-2　色数与调性的关系

多色	少色
自由、奔放 自然、舒展 开放、热闹 亲切、活泼	内敛、执着 都市、人为 洗练、雅致 成熟、理智、高档

主题 **03**

调整色彩，明确主题

不管颜色搭配得多么漂亮合理，必须要明确主题才能有最完美的作品。强调主题的方法有两种，一种是直接强调主题，另一种是间接强调主题。直接强调主题的方法一般是加大颜色三要素（色相、明度与纯度）之间的差别；间接强调主题的方法主要有增加附色、抑制弱色或其他色等。

1. 直接调整

（1）提高纯度差。如图 4-69 所示，主角虽在视觉中心，但其色彩纯度与配角没有拉开差距，显得有些暧昧，给人不安的感觉；图 4-70 则适当增加主角纯度，降低配角纯度，这样就明确了主题，让受众产生安定舒畅的感觉。

图 4-69　主角的纯度低于配角

图 4-70　主角的纯度高于配角

（2）提高明度差。明度差大，作品显得强烈刺激、有活力、有生机；明度差小，作品显得冷静沉着、稳重而成熟。如图 4-71 所示，文字是主体，虽然足够大，但仍不突出；图 4-72 将文字的颜色改为明度最高的白色，这样就突出了主题。

图 4-71　文字的明度与背景相近　　　　图 4-72　拉大文字与背景的明度

（3）增大色相型。前面探讨过色相型，其实色相型给人的视觉也有强弱之分，图 4-73 是色相型对比由弱到强的一个排列。

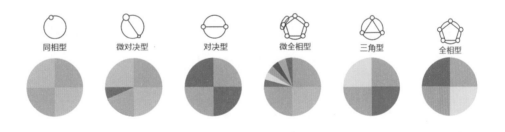

图 4-73　色相型的视觉强弱

再以一个网店海报为例来感受一下增大色相型以强化主题的方法。图 4-74 以蓝、紫色为主，属于类似型，色相相差太小，活力不够。图 4-75 改为微对决型，色相差增大，主题也随之明确，但仍有明确空间。图 4-76 将颜色增加为全相型，又将色彩强度提高了一个层次，使主题更加明确。

图 4-74　类似型色相配色

图 4-75　微对决型色相配色

图 4-76　全相型色相配色

注意以下两点。

（1）不是色相差越大越好，要根据实际情况，合适就好。比如，直接展示的散糖需要醒目的包装来引起受众的注意，这时可增大色相型，如图 4-77 所示；而礼盒里面的糖的包装就可以淡雅一些，如图 4-78 所示。

図 4-77　糖果包装配色 1　　　　　　　　　図 4-78　糖果包装配色 2

（2）同样的色相，不同的顺序给人的感觉也是不一样的，色相搭配按照色相环上的顺序可以分为分离型和渐变型。不按色相环顺序排列的色彩配置就是分离型，反之就是渐变型，如图 4-79 所示。

　　　　渐变型　　　　　　　　　　　　　　分离型

图 4-79　两种色相排序

渐变型色彩配置给人稳重的感觉，如图 4-80 的吸管严格按照色相环排列，形成了渐变色相配置。而图 4-81 则打破色相环顺序，自由排列不受束缚，体现出一种开放感。

图 4-80　渐变型色彩配置　　　　　　　　　图 4-81　分离型色彩配置

2. 间接调整

从色彩层面来看，除了可以增加色彩三要素之间的差距来明确主题外，还可以使用一些间接的方法。

（1）添加附加色。在主题周围添加附加颜色有明确主题的效果。不过既然是附加色，就要注意面积不宜过大。如图 4-82 所示，蓝色与白色搭配得很和谐，但感觉不够强烈，主题还可以更突出；图 4-83 在主题文字后加入一个红色的圆，增加了色相对比，使主题更加明确了。

图 4-82　添加附加色之前　　　　图 4-83　　添加附加色之后

（2）抑制配角。抑制配角就是不能喧宾夺主，通过调整配角的色相、纯度和明度等，让主角更明显。图 4-84 是一个智能手机的广告草稿，虽然小孩子的视线能将受众的视线引导到手机上，但其他图案很分散，不能突显手机的主角地位；图 4-85 在抑制其他图案的色彩度后，智能手机图案变得更醒目了。

图 4-84　主角不明确　　　　　　　　　　　图 4-85　抑制配角色彩，突出主角

主题 04
配 色 流 程

这里以一个实例来验证配色流程的方法论。

一个国学培训学校要做形象宣传，广告的目标对象是中小学学生家长。广告调性要求表现传统的国学内涵，在此基础上区别于同类学校，可表现出大气、高端、品位、优雅等调性，如图4-86所示。在创意上，不再常规地使用特大字号的"特价优惠"来吸引受众的视线，而是以其特有的文化内涵来打动广告受众。为了突出国学特性，拍摄了线装古书的几个角度，然后加入广告语、广告词和附文。根据调性，可用大空白率和稍小的版心，可稍微提高广告语和广告词的跳跃率以活跃画面，如图4-87所示。

图 4-86　目标调性　　　　　　　　　图 4-87　大致版面

在色彩方面，可以用前面所讲的步骤来做。

步骤 1 选择合适的颜色，至少确定冷暖色，作出分析，如图4-88所示。由于素材中有古籍纸张的黄色，这里就选择灰色作为主色。

图 4-88　主色选择分析

步骤 2　确定合适的色调。加入白色表现高端、有品位，如图 4-89 所示，以渐变色的方式形成稳重的感觉，效果如图 4-90 所示。

图 4-89　主色调分析

步骤 3　选择合适的配色与色调。古书本身有宝蓝色，比较沉稳，裁切角度给人高山一般的感觉，如图 4-90 所示。可再加入非彩色系的黑白色，能丰富色彩，再点缀红色与蓝色形成准对决色，开放色相环，活跃画面。色调方面，可考虑使用强色调或深色调，如图 4-91 所示。

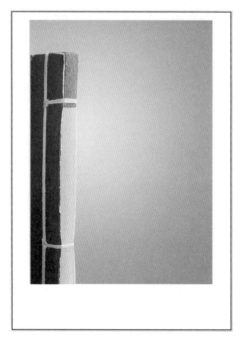

图 4-90　裁切照片加上渐变背景

图 4-91　大致配色方案

步骤 4　确定好主辅色的色彩及色调比例后，就可以用文字和图形来组成图像了。加入黑色的火柴头人形来突出书籍的大，加入白色云纹来凸显书籍的高，同时也表现了广告词中的"高度"；再加入公司的红色印章，最后配上字体合适、跳跃率适中的文字，如图 4-92 所示。还可延伸出系列广告，如图 4-93 和图 4-94 所示。

图 4-92　配上文字和图案

图 4-93　延伸设计 1　　　　　　　　图 4-94　延伸设计 2

当然，设计没有标准答案，还有很多设计的可能，这里只是抛砖引玉，用一个理论来反复尝试。设计师做出的设计不但要正确，还要好看，只要熟谙色相与色调的气质，不断摸索总结，就能配出正确且悦目的色彩。

主题 **05**
优秀版式色彩赏析

好的版式色彩很多，下面来欣赏几幅。

图 4-95 是网络刚兴起时的两幅杂志广告，采用微全相型配色，以涂上指甲油的指（趾）甲来暗喻网络的多彩，增大空白率更加凸显主体。图 4-96 则以半个红黄的盒子来吸引视线，再将视线引导到上面的报纸上，在色彩上采用纯度对比的手法。

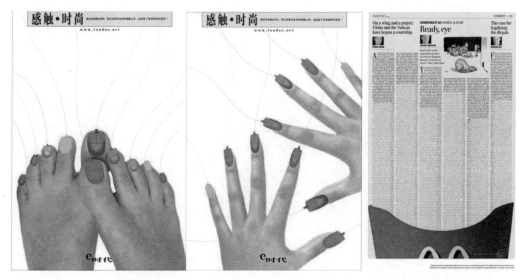

图 4-95　网络广告　　　　　　　　　　　　图 4-96　报纸广告

图 4-97 采用橙蓝对决色，橙色包围蓝、绿二色，像窗口一样吸引视线。图 4-98 的包装采用暖色，在味觉上与产品契合，且采用比较沉稳耐看的深色调，给人以信赖感。

图 4-97　旅游广告

图 4-98　调料包装设计

图 4-99 明显采用微对决色相搭配，大面积的蓝色背景上只有一个红色 Logo 和白色部件可见，面积小、空白率高，版面简洁，主体同样突出。图 4-100 的广告只是将画面的色彩明度降低，也就是突出了防晒霜的效果，而产品的照片明度不降，既快速准确地表达了诉求，又突出了产品形象，可谓一箭双雕！

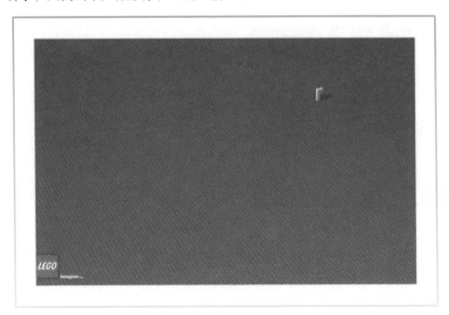

图 4-99　玩具广告

图 4-100　儿童防晒霜广告

图 4-101 的瓶型和字体标明了它是可口可乐，但颜色不是红色而是咖啡色，表现了其咖啡味的主题。图 4-102 的包装采用微对决色，以黄色为主色，文字仅降低了明度，非常统一协调，上面点缀一个红色 Logo，活跃了版面。

图 4-101　咖啡味可口可乐广告

图 4-102　面粉包装

图 4-103 至图 4-105 的系列广告的主色虽是风景，但有了视觉度比它们强的水果和人物图片后仍是配角；且这几个广告均以水果的颜色作为文字的颜色，下方的水果与上方的水果相呼应。

图 4-103　水果店广告 1

图 4-104　水果店广告 2

图 4-105　水果店广告 3

> ## 本章小结

色彩是版式设计及其他设计中的重要部分，配色的流程大致分为以下三步。

图 4-106　配色流程

　　本章以配色流程为大纲，重点分析了主要色相与色调所表现的调性、色相型搭配和色数搭配与对象调性间的关系，以及如何调整色彩以明确主体这三大主题，最后以一个实例来论证前面的结论。

第5章

图标、表格及图表

如今生活节奏快、信息多，如何让信息更快速、更准确地传达，是版式设计的一个核心任务。信息图形化无疑是途径之一，因为人的眼睛天生是看图的。那么，图标包含哪些内容？每种图标又有什么设计要点呢？

"图标"与"图片"不同，也与通常所说的 UI 图标或图形符号不同，本章的"图标"不仅包括标识，还包括表格及图表等。文字是抽象的符号，需要经过大脑转换才能知道意思，而图标更直观，能让人快速明白其含义，感受一下图 5-1，文字提示和标志提示哪个能让人更快速地反应过来？

图 5-1　同样的信息由图片表达更直观

有研究表明，人只能记住 20% 读过的内容、10% 听到的内容，却能记住 80% 经历过或观察过的内容。在信息大爆炸与碎片化的今天，信息图形化、数据可视化是必然趋势，如何快速、准确地传达信息是一个重要的话题。下面对图表、表格和其他图标做一些探究。

主题 01

图　　表

数据是庞杂的、抽象的，尤其是在"大数据"时代，如何把那些难以言表的数据直观地呈现出来？图表就是一个很好的手段。

1. 使用合适的图表

条形图、柱状图、折线图和饼图是四种最常用的图表类型，还有很多其他类型的图表，如雷达图、面积图和散点图等，可以通过图表叠加来形成复合图表。不同的图表有不同的构成要素，能够表达不同的信息，若选用不当就会影响信息的获取，如图5-2所示。

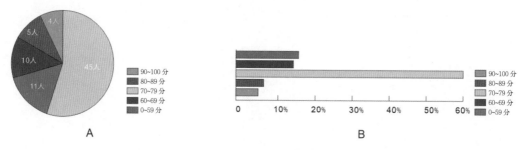

图 5-2　图表选用不当就会影响信息的获取

（1）表百分比用饼形图。各数据的比值总和是100，各扇形加起来是一个整圆——饼形图天生就是表示百分比的，如图5-3所示。

（2）表差异用条形图或柱状图。条形图通常用水平轴表数值，垂直轴表类别，最适合用来比较各项之间的差异，如图5-4所示。柱状图则是用横轴表类别，纵轴表数值。

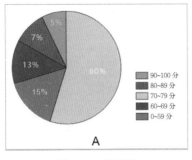

图 5-3　饼形图

图 5-4　条形图

（3）表差别和明细用累计柱状图，如图 5-5 所示。

（4）表时间变化下的变化趋势用折线图，如图 5-6 所示。

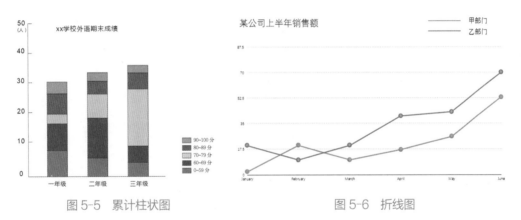

图 5-5　累计柱状图

图 5-6　折线图

（5）表变化和明细用阶层图，如图 5-7 所示。

图 5-7　阶层图

（6）表性质、平衡或综合素质用雷达图，如图 5-8 所示。

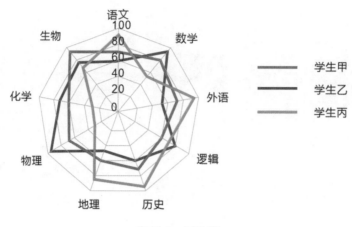

图 5-8　雷达图

（7）表数据动向或倾向用散点图。散点图用两组数据构成多个坐标点，考察坐标点的分布，以此判断两个变量之间是否存在某种关联，或从中总结坐标点的分布情况，如图 5-9 所示。

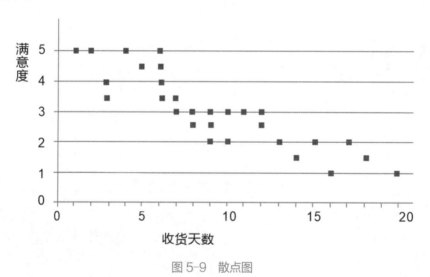

图 5-9　散点图

2. 温馨提示

（1）把握刻度或单位。

① 刻度要一目了然，不宜过长，可根据具体数据来选择合适的刻度，必要时可以延长刻度，如图 5-10 所示。

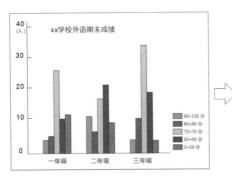
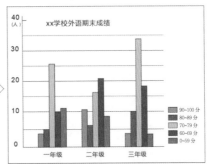

图 5-10　设置合适的刻度

② 若差别过大，可以省略中间，但刻度不可马虎，如图 5-11 所示。

图 5-11　可省掉过长的条或柱

③ 若数字过大，可改变单位，这样更易阅读，如图 5-12 所示。

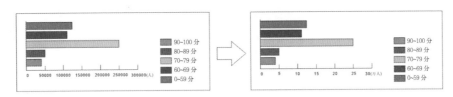

图 5-12　设置合适的单位

（2）在快速传达信息的基础上，还要注意美观。

① 饼形图一般在图上标示百分比，在图外添加注释，也可以用引线标注的方法来标示，如图 5-13 所示。还可以缩放各扇形以作出变化，甚至做出立体效果，如图 5-14 所示。

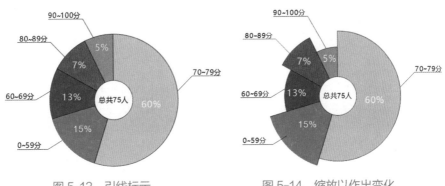

图 5-13　引线标示　　　　　　　图 5-14　缩放以作出变化

② 强调主题时可拉开扇形距离，并适当放大主体扇形，如图 5-15 所示。

③ 通过配色调整图表，可将意思相近或级别相近的扇形匹配相近的颜色，这样更加直观，如图 5-16 所示。

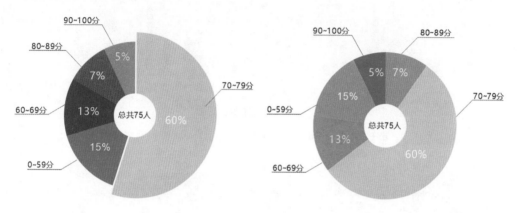

图 5-15　拉开距离以强调主体　　　　图 5-16　以相近颜色匹配相近级别

④ 与图形组合以提高视觉度，如图 5-17 所示。

X学校学生在RD公司实习人数

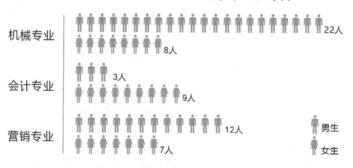

图 5-17　将图表再次图形化

主题 **02**

表　格

表格的最大优点是简洁、直观且容易比较，如图 5-18 所示。下面就从版式设计的角度来讲解一下制作表格的技巧和注意事项。

9 月 19 日入学教育安排

8:30~10:00 在 405 教室进行适应性教育，主讲者何文平；10:20~11:50 在 405 教室进行制度行为教育，主讲者蒋建华，主持人陈静兰；15:50~17:20 参观图书馆 / 校史馆 / 教学成果展，由教务处带队，欧彦希主持；18:30~20:00 在 401 教室进行心理健康教育，由周一宇主讲，陈静兰主持；20:00~21:00 在 114 教室由辅导员陈静兰主持讨论班规班纪、撰写守纪承诺书和"给敬爱的人一封信"。

9 月 19 日入学教育安排					
时间	地点	内容	主讲	主持人	备注
8:30~10:00	405	适应性教育	何文平	何文平	
10:20~11:50	405	制度行为教育	蒋建华	陈静兰	
15:50~17:20	图书馆、校史馆、教学成果展	图书馆教育、校史馆、成果展馆参观	教务处	欧彦希	
18:30~20:00	401	心理健康教育	周一宇	陈静兰	
20:00~21:00	114	班规班纪讨论、撰写守纪承诺书和给"敬爱的人一封信"	陈静兰	陈静兰	完成守纪承诺书及提交一封信的作业

图 5-18　将文字信息表格化

毋庸置疑，表格是提升传达信息和沟通信息效率的重要手段之一，下面就来分析表格是如何提升信息传达效率的。

1. 强调表头

表头的字段很关键，强调表头能让整个表格更直观、更美观。可以通过添加底色、加大或加粗表头文字等方法来实现，如图 5-19 所示。

正度纸张	尺寸（单位）	大度纸张	尺寸（单位）
全开	787×1092	全开	889×1194
对开	540×740	对开	570×840
4 开	370×540	4 开	420×570
8 开	260×370	8 开	285×420
16 开	185×260	16 开	210×285
32 开	184×130	32 开	203×140

正度纸张	尺寸（单位）	大度纸张	尺寸（单位）
全开	787×1092	全开	889×1194
对开	540×740	对开	570×840
4 开	370×540	4 开	420×570
8 开	260×370	8 开	285×420
16 开	185×260	16 开	210×285
32 开	184×130	32 开	203×140

图 5-19　添加表头底色

2. 明确内容

　　表格行数太多就如同每行文字太多，容易看错行。文字太多可以分栏，表格行数太多可以交替填色，如图 5-20 所示。

序号	时间	专业	人数	地点	内容	主洪人	主持人
1	9月18日 8:30~10:00	家具设计与制造	86	致403	制度行为教育	蒋建华	王梅
1	9月18日 15:50~17:20	工业设计（机电产品造型设计）	21	图书馆、校史馆、教学成果展	图书馆教育、校史馆、成果展馆参观	教务处	欧彦沙
1	9月18日 15:50~17:20	工业设计（家具造型设计）	34	图书馆、校史馆、教学成果展	图书馆教育、校史馆、成果展馆参观	教务处	欧彦沙
1	9月18日 15:50~17:20	包装策划与设计	43	图书馆、校史馆、教学成果展	图书馆教育、校史馆、成果展馆参观	教务处	欧彦沙
1	9月18日 15:50~17:20	工业工程技术	56	致401	适应性教育	何文平	何文平
1	9月18日 15:50~17:20	机械设计与制造	109	致401	适应性教育	何文平	何文平
1	9月18日 15:50~17:20	数控技术	133	致401	适应性教育	何文平	何文平
1	9月18日 14:00~15:30	工业过程自动化技术	52	图书馆、校史馆、教学成果展	图书馆教育、校史馆、成果展馆参观	教务处	欧彦沙
1	9月18日 14:00~15:30	工业机器人技术	66	图书馆、校史馆、教学成果展	图书馆教育、校史馆、成果展馆参观	教务处	欧彦沙
1	9月18日 8:30~10:00	工业设计（机电产品造型设计）	21	致405	适应性教育	何文平	何文平
1	9月18日 8:30~10:00	工业设计（家具造型设计）	34	致405	适应性教育	何文平	何文平
1	9月18日 8:30~10:00	包装策划与设计	43	致405	适应性教育	何文平	何文平
1	9月18日 14:00~15:30	工业工程技术	56	致401	制度行为教育	蒋建华	王梅
1	9月18日 14:00~15:30	机械设计与制造	109	致401	制度行为教育	蒋建华	王梅
1	9月18日 14:00~15:30	数控技术	133	致401	制度行为教育	蒋建华	王梅
1	9月18日 10:20~11:50	家具设计与制造	86	图书馆、校史馆、教学成果展	图书馆教育、校史馆、成果展馆参观	教务处	欧彦沙
1	9月18日 10:20~11:50	工业过程自动化技术	52	明114	适应性教育	何文平	何文平
1	9月18日 10:20~11:50	工业机器人技术	66	明114	适应性教育	何文平	何文平
1	9月18日 10:20~11:50	工业设计（机电产品造型设计）	21	致405	制度行为教育	蒋建华	陈景兰
1	9月18日 10:20~11:50	工业设计（家具造型设计）	34	致405	制度行为教育	蒋建华	陈景兰
1	9月18日 10:20~11:50	包装策划与设计	43	致405	制度行为教育	蒋建华	陈景兰
1	9月18日 10:20~11:50	工业工程技术	56	致401	心理健康教育	周显宇	韦亚虹
1	9月18日 10:20~11:50	机械设计与制造	109	致401	心理健康教育	周显宇	韦亚虹
1	9月18日 10:20~11:50	数控技术	133	致401	心理健康教育	周显宇	韦亚虹
1	9月18日 14:00~15:30	家具设计与制造	86	致403	适应性教育	何文平	何文平

制造技术系 2017 级入学教育安排

序号	时间	专业	人数	地点	内容	主洪人	主持人
1	9月18日 8:30~10:00	家具设计与制造	86	致403	制度行为教育	蒋建华	王梅
1	9月18日 15:50~17:20	工业设计（机电产品造型设计）	21	图书馆、校史馆、教学成果展	图书馆教育、校史馆、成果展馆参观	教务处	欧彦沙
1	9月18日 15:50~17:20	工业设计（家具造型设计）	34	图书馆、校史馆、教学成果展	图书馆教育、校史馆、成果展馆参观	教务处	欧彦沙
1	9月18日 15:50~17:20	包装策划与设计	43	图书馆、校史馆、教学成果展	图书馆教育、校史馆、成果展馆参观	教务处	欧彦沙
1	9月18日 15:50~17:20	工业工程技术	56	致401	适应性教育	何文平	何文平
1	9月18日 15:50~17:20	机械设计与制造	109	致401	适应性教育	何文平	何文平
1	9月18日 15:50~17:20	数控技术	133	致401	适应性教育	何文平	何文平
1	9月18日 14:00~15:30	工业过程自动化技术	52	图书馆、校史馆、教学成果展	图书馆教育、校史馆、成果展馆参观	教务处	欧彦沙
1	9月18日 14:00~15:30	工业机器人技术	66	图书馆、校史馆、教学成果展	图书馆教育、校史馆、成果展馆参观	教务处	欧彦沙
1	9月18日 8:30~10:00	工业设计（机电产品造型设计）	21	致405	适应性教育	何文平	何文平
1	9月18日 8:30~10:00	工业设计（家具造型设计）	34	致405	适应性教育	何文平	何文平
1	9月18日 8:30~10:00	包装策划与设计	43	致405	适应性教育	何文平	何文平
1	9月18日 14:00~15:30	工业工程技术	56	致401	制度行为教育	蒋建华	王梅
1	9月18日 14:00~15:30	机械设计与制造	109	致401	制度行为教育	蒋建华	王梅
1	9月18日 14:00~15:30	数控技术	133	致401	制度行为教育	蒋建华	王梅
1	9月18日 10:20~11:50	家具设计与制造	86	图书馆、校史馆、教学成果展	图书馆教育、校史馆、成果展馆参观	教务处	欧彦沙
1	9月18日 10:20~11:50	工业过程自动化技术	52	明114	适应性教育	何文平	何文平
1	9月18日 10:20~11:50	工业机器人技术	66	明114	适应性教育	何文平	何文平
1	9月18日 10:20~11:50	工业设计（机电产品造型设计）	21	致405	制度行为教育	蒋建华	陈景兰
1	9月18日 10:20~11:50	工业设计（家具造型设计）	34	致405	制度行为教育	蒋建华	陈景兰
1	9月18日 10:20~11:50	包装策划与设计	43	致405	制度行为教育	蒋建华	陈景兰
1	9月18日 10:20~11:50	工业工程技术	56	致401	心理健康教育	周显宇	韦亚虹
1	9月18日 10:20~11:50	机械设计与制造	109	致401	心理健康教育	周显宇	韦亚虹
1	9月18日 10:20~11:50	数控技术	133	致401	心理健康教育	周显宇	韦亚虹
1	9月18日 14:00~15:30	家具设计与制造	86	致403	适应性教育	何文平	何文平

图 5-20　交替填色

3. 对齐方式

以快速读取信息为原则来选择对齐方式。全是文字可选择左对齐或两端对齐；文字较少，左中右对齐皆可；有数字可选择右对齐；有小数最好以小数点对齐。如图 5-21 所示，将文字左对齐、数字小数点对齐就比原表格更易阅读。

公布时间	预期值	公布值	行情	单手收益
2017-6-29，22:00	-222.01	-405.4		上涨 98.12%
2017-6-22，22:00	-128.91	-91.8		下跌 113.53%
2017-6-15，22:00	-213.5	-93.2		先涨后跌 55.45%
2017-6-8，22:00	-313.88	-322.7		先跌后涨 29.38%
2017-6-2，22:00	-265.74	-422.5		上涨 23.11%
2017-5-25，22:00	-166.35	132		先跌后涨 50.66%
2017-5-18，22:00	-314.43	-340		下跌 62.82%
2017-5-11，22:00	8	278.5		上涨 164.23%
2017-5-4，22:00	55.61	278.5		下跌 104.71%
2017-4-27，22:00	141.5	199.8		先跌后涨 54.66%

公布时间	预期值	公布值	行情	单手收益
2017-6-29，22:00	-222.01	-405.4	上涨	98.12%
2017-6-22，22:00	-128.91	-91.8	下跌	113.53%
2017-6-15，22:00	-213.5	-93.2	先涨后跌	55.45%
2017-6-8，22:00	-313.88	-322.7	先跌后涨	29.38%
2017-6-2，22:00	-265.74	-422.5	上涨	23.11%
2017-5-25，22:00	-166.35	132	先跌后涨	50.66%
2017-5-18，22:00	-314.43	-340	下跌	62.82%
2017-5-11，22:00	8	278.5	上涨	164.23%
2017-5-4，22:00	55.61	278.5	下跌	104.71%
2017-4-27，22:00	141.5	199.8	先跌后涨	54.66%

图 5-21　文字左对齐，数字小数点对齐

4. 视觉优化

大道至简，可要可不要的都尽量不要，在其他方面也要保持表格能够快速、美观地传递信息。

（1）合并相同内容，如图 5-22 所示，相同内容太多会影响阅读，视觉效果也较为臃肿，合并之后就显得轻巧醒目了。

车型		原价	优惠价
宝牛 1.6L	舒适型	86000	71000
宝牛 1.6L	标准型	72800	67800
宝牛 1.6L	实用型	66600	52600
贵族 SUV	舒适型	99800	82000
贵族 SUV	豪华型	108000	88800
丰地 1.8L	舒适型	78900	69990
丰地 1.8L	标准型	67800	59900
丰地 1.8L	豪华型	88600	79900

车型		原价	优惠价
宝牛 1.6L	舒适型	86000	71000
	标准型	72800	67800
	实用型	66600	52600
贵族 SUV	舒适型	99800	82000
	豪华型	108000	88800
丰地 1.8L	舒适型	78900	69990
	标准型	67800	59900
	豪华型	88600	79900

图 5-22　合并相同内容

（2）若单元格内的文字过长，可将单元格缩短一些，以提高可读性，如图5-23所示。

时间	地点	内容	主讲人	主持人	备注
9 月 21 日 9:00~11:00	致 402	认知专业，学习方法的教育	江奇志	姜佳薇	
9 月 21 日 14:00~15:30	致 402	认知产业行业、认知职业	马云山	江奇志	新锐包装研究院荣誉院长
9 月 21 日 19:00~21:00	明 114	结合专业教师、企业专家讲的内容，通过手机上网查询（学习）本专业的发展前景、课程设计、证书要求，并撰写对本专业的认知报告	陈景兰	陈景兰	提交专业学习认知报告，不得少于 500 字
9 月 22 日 8:30~10: 00	致 301	新生见面会	韩立	何文平	
9 月 22 日 10:20~11: 50	致 301	爱校教育	刘兴星	王文影	
9 月 22 日 14:00~15:00	致 301	学历提升	吴金林	倪红	

时间	地点	内容	主讲人	主持人	备注
9 月 21 日 9:00~11:00	致 402	认知专业，学习方法的教育	江奇志	姜佳薇	
9 月 21 日 14:00~15:30	致 402	认知产业行业、认知职业	马云山	江奇志	新锐包装研究院荣誉院长
9 月 21 日 19:00~21:00	明 114	结合专业教师、企业专家讲的内容，通过手机上网查询（学习）本专业的发展前景、课程设计、证书要求，并撰写对本专业的认知报告	陈景兰	陈景兰	提交专业学习认知报告，不得少于 500 字
9 月 22 日 8:30~10: 00	致 301	新生见面会	韩立	何文平	
9 月 22 日 10:20~11: 50	致 301	爱校教育	刘兴星	王文影	
9 月 22 日 14:00~15:00	致 301	学历提升	吴金林	倪红	

图 5-23　调整单元格长度

主题 **03**

其他图标

图标的类型很多，范围很广，但其目的都是提升信息的传达效率，这里展示几种常见的图标类型。

1. 制作地图

在版式设计中会用到地图，根据不同用途，地图的绘制要求也不同，如交通地图突出交通路线，行政地图强调行政区划，旅游地图突出旅游景点，等等。版式设计也要用到地图，但其重点不是"精确"，而是要一目了然、易读易查找。所以，在绘制版式设计中的地图时，要把 Google 地图或百度地图简化，并用红色、引线和五星等元素来加强目的地的视觉度。简化后的地图如图 5-24 所示。

图 5-24　广告宣传地图

2. 体现顺序

涉及流程方面的信息，当然要体现其先后顺序。一般是加箭头，如图 5-25 所示；或者是加序号，如图 5-26 所示；又或者是两者都加，如图 5-27 所示。

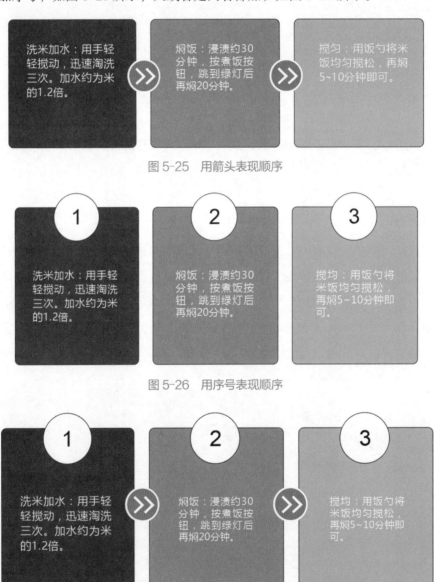

图 5-25　用箭头表现顺序

图 5-26　用序号表现顺序

图 5-27　用箭头加序号表现顺序

3.图解线段

有些关系难以用语言描述清楚，但通过图解的方式则一目了然，如图 5-28 所示。

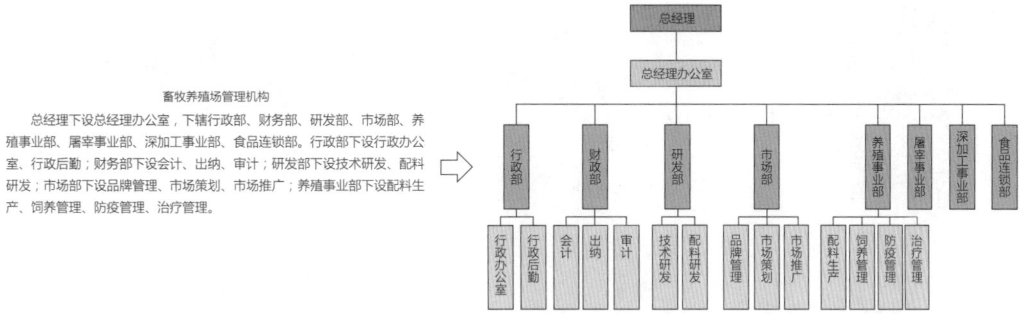

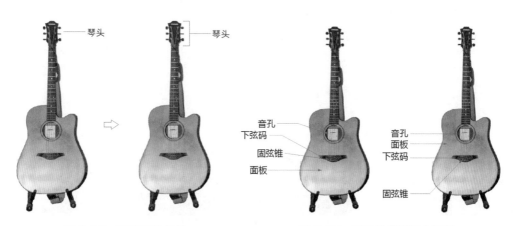

图 5-28　文字描述与图解线段描述对比

注意：（1）引线部位要明确，不可含糊。若是一个零件，直接引线即可；若是一个部位，则须标明范围，以免引起歧义，如图 5-29 所示。（2）引线不要太随意，最好统一角度并对齐，如图 5-30 所示。（3）解说细节的时候，最好将要解说的部分放大，如图 5-31 所示。

图 5-29　明确引线部位　　　　　图 5-30　引线角度不可太随意

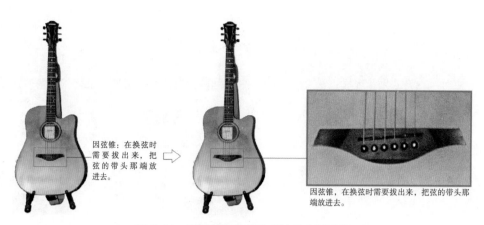

图 5-31 将要解说的细节部位放大再引线

4. 变通方法

（1）同时呈现两个图表：线性＋柱状。柱状图和折线图都有两个维度，将共同参数放横轴，其余两个参数分别放两边做纵轴，如图 5-32 所示。

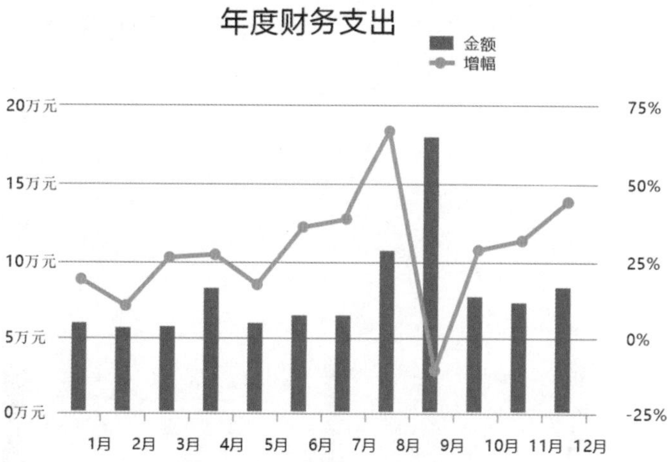

年度财务支出

图 5-32 柱状图与折线图同时呈现

（2）当视觉度难以强调数据时，可辅以文字来强调，如图 5-33 所示。

图 5-33 辅以文字来强调数据

（3）多图表色彩很花哨：单色＋分割。若将多个调查问卷的统计图表排在一版，就容易显得色彩花哨，但这也很好处理。前面说过，色彩越开放越热闹，越素净越高格调，图 5-34 的图表色彩较花哨，而图 5-35 的处理方式既提高了格调，又呼应了左右版面的色彩。

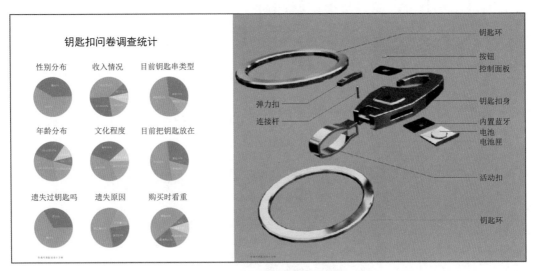

图 5-34　图表色彩较花哨

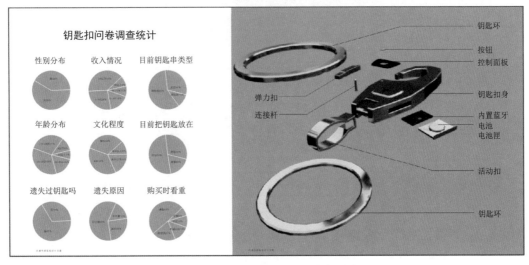

图 5-35　单色加分割处理多色图表

主题 **04**

优秀图标版式设计赏析

下面来欣赏几个优秀的图标设计。

图 5-36 所示的销售统计图虽是外语，但并不影响信息的快速获取。用折线图来统计销售量并不稀奇，亮点在于用图片来表示商品，以二维网格形式来绘制折线图，且标出每天的销售数量，这种方式赏心悦目并且非常方便阅读。

图 5-36　商品周销售量统计图（图片来自网络）

图 5-37 是学生对课程的认知统计图，虽然使用了条形图来表达，但为某课程加上形象直观的照片就化普通为神奇了。

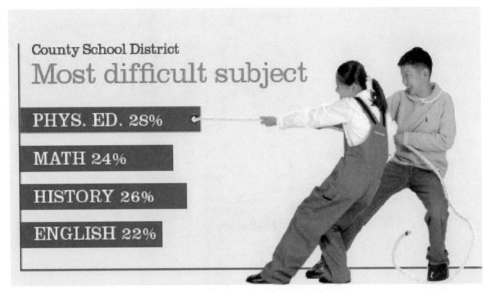

图 5-37 课程调研统计图（图片来自网络）

用形象的图案来描述地图比用文字更加具象，图 5-38 就是一例，其他如此处理的地图也很多。

图 5-38 动物园地图

　　图5-39是介绍一个企业成长历程的页面，用一根线上的节点来描述发展史，一目了然。

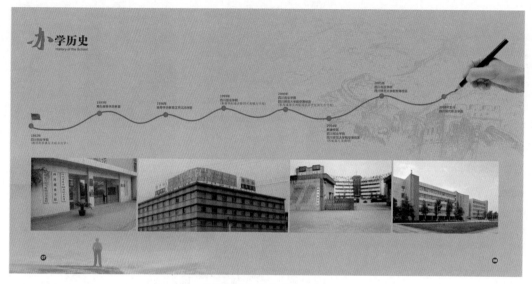

图 5-39　企业成长历程

> ## 本章小结
>
> 　　设计以人为本，在新媒体崛起、信息海量的时代，如何提升用户体验，让受众快速且愉快地接收信息是版式设计的目的之一。
>
> 　　本章的重点是"信息图形化"，探讨如何将抽象的数据、位置及信息等以直观的方式呈现出来。具体来说就是以下几点：选对图表，易读准确；优化表格，强调重点；地图明了，标注明确。运用之妙，存乎一心。

第 2 篇

实践篇
PART 2

从实践中来，到实践中去。

前面的章法都是在实践中总结出来的，其目的都是要运用到实践中去。

本篇将运用前面的章法结合具体媒体的特点进行实践，探究名片、海报、画册、宣传页、报纸、UI 及 PPT 等常见媒体的版式设计。

第6章
名片版式设计

名片是最基础的设计，麻雀虽小，五脏俱全，方寸之间包含了很多信息。要想驾驭名片元素，设计一张能代表公司或个人形象的名片，也得运用版式设计的章法。

主题 01

名片版式设计知识链接

名片，古称名刺、拜帖、片子等，是标示姓名及其所属组织、公司单位和联系方法等信息的纸片。名片是新朋友互相认识、自我介绍的最高效的方法，是信息时代的联系卡。在没正式了解之前，名片是获取信息的重要来源，所以好的名片能给人好的第一印象，提升自己的形象，如图 6-1 所示。

除了个人名片，还有企业名片，以企业形象为主，个人信息为辅，在名片中严格规范标识、标准色及标准字等，使其成为企业整体形象的一部分，如图 6-2 所示。

图 6-1　突出个人名字的名片　　　　　　图 6-2　突出企业名称的名片

1. 名片尺寸

名片的尺寸一般与卡片相同，成品为 90mm×55mm，名片夹也是按这个尺寸来设计的。长边 90mm 通常都是固定的，短边可以小于 55mm，如图 6-3 所示；也有短边超过55mm，但超出部分被折叠的名片，如图 6-4 所示。在设计制作时需上下左右各加 2mm的出血线。

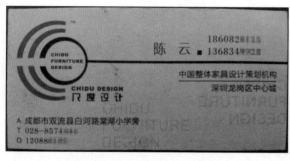

图 6-3　短边小于 55mm 的名片　　　　　图 6-4　短边大于 55mm 的名片

设计没有绝对，打破常规的设计往往是好设计，有的名片长边超过 90mm 但仍能装进名片夹。图 6-5 至图 6-8 所示的伊米设计公司的名片就打破了"名片是平面的"这一固定思维，将平面设计成了三维的，用户体验非常好；虽然超出了 90mm，但是通过折叠又能方便地装进名片盒；另外，折痕也是一个"米"字，与公司标识相呼应，既传达了企业形象，又给接收者留下了深刻印象。

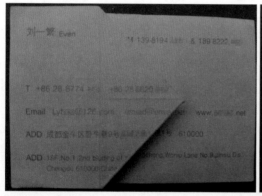

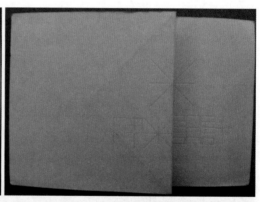

图 6-5　伊米设计公司的名片 1　　　　　图 6-6　伊米设计公司的名片 2

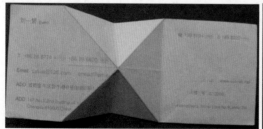

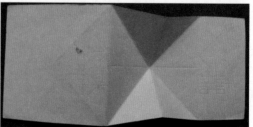

图 6-7　伊米设计公司的名片 3　　　　　图 6-8　伊米设计公司的名片 4

2. 名片的分类

名片没有统一的分类标准，但大致有以下几种分法。

（1）按用途分，可分为商业名片（图 6-9）、企业名片（图 6-10）和个人名片三种。

图 6-9　商业名片　　　　　　　　　　　图 6-10　企业名片

（2）按材料分，可分为普通纸名片、特种纸名片和其他材料名片，如图 6-11 至图 6-14 所示。

图 6-11　特种纸名片　　　　　　　　　　图 6-12　金属名片

图 6-13　复合材料名片　　　　　　　　　图 6-14　塑料名片

（3）按制作工艺分，可分为胶印名片、镂空名片和特种印刷名片等，如图 6-15 至

图 6-18 所示。

图 6-15 凹凸印刷工艺名片

图 6-16 凹凸烫金印刷工艺名片

图 6-17 UV工艺名片

图 6-18 镂空名片

（4）按印刷色彩分，有单色名片、双色名片、彩色名片等，如图 6-19 至图 6-22 所示。

图 6-19 单色名片

图 6-20 双色名片

图 6-21　彩色名片　　　　　　　图 6-22　全彩名片

注：颜色数是指使用 CMYK 的数量，故间色（如绿色、红色和蓝色）算两种色。

（5）按排版方式分，有横式、竖式和折卡式。

（6）按印面分，有单面名片和双面名片。

3. 名片设计要点

简单来说，就是要明确"为谁设计？如何设计？"等问题。

（1）名片设计流程。

首先，要了解设计对象的必要信息，如名片持有者的身份、职业、单位性质及业务范畴等。对名片持有者及其单位有了全面的了解后，再对名片调性进行一个准确的定位和独特的构思。好的名片需要通过以下两个方面的检验。

①是否准确把握了名片的调性，是否符合持有者的工作性质、业务性质和身份？图6-23 和图 6-24 是一个年画作坊经理的名片正反面，这两面都加入了年画元素，让人一眼就明白其业务且记忆深刻。

图 6-23　年画作坊经理名片正面

图 6-24　年画作坊经理名片背面

②名片是否别致、独特、具有视觉冲击力和可识别性？在信息爆炸的今天，信息量太多是难以引人注意的，所以名片要具有可识别性、便于记忆，在设计时要做到文字简明扼要、层次分明、重点突出、风格独特。图 6-25 和图 6-26 是一张名片的正反面，让拿到名片的人第一眼就能感受到其公司的形象色、吉祥物和标识——可识别性强；既没有写电话、电子邮箱、地址和公司主页，也没有写 Tel 和 E-mail 等，却能让人一目了然地知道这些信息——简洁；把吉祥物图案的眼睛设计成镂空效果，让人过目不忘——独特。

图 6-25　网站名片正面　　　　　　　图 6-26　网站名片背面

（2）名片的构成要素。

名片的构成要素是与时俱进的，早期的构成要素是名字和头衔，甚至没有地址，如图 6-27 所示；后来有了电话号、传呼号和手机号，如图 6-28 所示；网络时代有了电子邮箱和 QQ 号，现在又有了微信号和二维码。这里把名片的构成要素分为方案要素和造型要素两大类。

 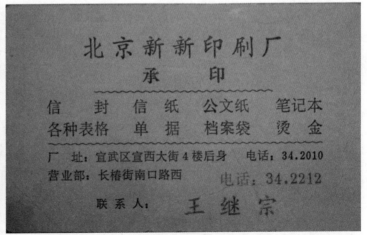

图 6-27　早期的名片　　　　　　　图 6-28　电话出现后的名片

①方案要素包括名片持有者的姓名、头衔、单位、地址、联系方式和业务领域等，有些企业或个人还喜欢加上公司口号（Slogan）或座右铭，如图 6-29 所示，可根据具体情况来确定设计重点。

②造型要素包括标志、字体、字号、图案（或图形）、色彩等。从设计的角度来讲，造型要素是营造调性的关键。如图 6-29 所示的名片，将一个角裁掉也是一种造型。

图 6-29　名片的构成要素

主题 **02**
名片设计鉴赏

哲学家说"存在即合理",但设计师要反其道而行之,秉承"存在即不合理"的观点,善于发现问题,善于将两个旧元素"二旧化一新"。下面就从表现名片持有者的职业及名片设计风格两方面对一些经典名片的设计进行鉴赏(本节图片均来自"设计之家"网),希望这些让人脑洞大开的设计能给读者们一些启发。

1. 表现职业领域的名片

毫无疑问,名片传达的信息之一就是持有者的职业领域,即持有者是干什么的,这里面有很多创意空间,下面来品鉴一下几个典型的名片。

图 6-30 是一张记者名片,虽然记者现在大都采用科技含量较高的工具,但传统的采访记录本是体现记者身份的较佳元素,该名片以采访记录本的封面与内页对应名片的封面与内页,令人耳目一新。

图 6-31 是一张厨师名片,用两个厨师帽作为主要设计元素,让人一目了然。且上方的厨师帽为镂空设计,上下呼应,虚实对比,别有韵味。

图 6-30　记者名片　　　　　　　　　图 6-31　厨师名片

图 6-32 用调色盘作为名片外形，其持有者无疑是画家。图 6-33 是建筑师的名片，设计师抓住建筑行业的元素，采用卷尺的形式，打破了名片设计的固有模式。

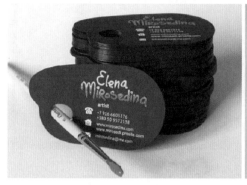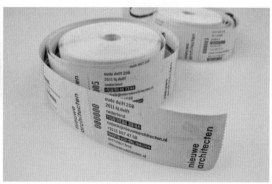

图 6-32　画家名片　　　　　　　　　图 6-33　建筑师名片

图 6-34 的名片采用程序代码的方式来设计，显然是一张程序员的名片。图 6-35 的名片有一个类似铁窗的封套，名片上有一个人形，可以从底部拉出名片，暗喻了律师的职业性质，让人秒懂且有互动性。

图 6-34　网页开发工程师名片　　　　　图 6-35　律师名片

2. 个性创意名片

好的创意能提升识别度与记忆度，正如大卫·奥格威所说的："除非你的广告有很好的点子，不然它就像快被黑夜吞噬的船只。"名片也有广告的功能，下面就来欣赏几个有代表性的创意名片。

图 6-36 的名片以直线为主要元素进行创意，颇有风格派线条的韵味，十分耐看。图 6-37 则以极简的文字搭配凹凸的工艺，颇有虚实结合的效果。

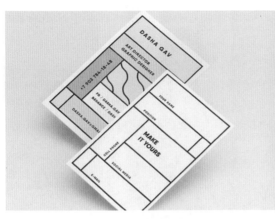

图 6-36　线条创意　　　　　　　　　图 6-37　极简设计加凹凸工艺

　　图 6-38 用四色印刷做出了凹凸的效果，从视觉上来看不比凹凸工艺差，而且大大
降低了名片的成本！图 6-39 打破了名片是长方形的固有思维模式，将名片做成了扇形，
很有新鲜感。

图 6-38　用光影和透视做出凹凸效果的名片　　　　图 6-39　扇形名片

　　图 6-40 是一款复古名片，图 6-41 的名片仿票券风格，在众多常规设计的名片中一
定会让人记忆深刻。

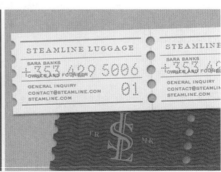

图 6-40　复古名片　　　　　　　　　图 6-41　票券式名片

图6-42的名片采用常规的尺寸与工艺，但用两个矩形与植物图案进行穿插，让人感觉到前后的空间变化。图6-43则采用"三维拼图＋名片"的形式，将它们"二旧化一新"。

图6-42 网站名片　　　　　　　　　　　图6-43 三维拼图名片

图6-44的名片打破了常规，在形状上采用圆形，在文字排版上采用绕边缘排列，在工艺上采用凹凸工艺。图6-45将笔记本电脑和名片"二旧化一新"，值得玩味。

图6-44 凸版名片　　　　　　　　　　　图6-45 折叠式名片

图6-46的名片打破了二维的思维定式，虽然看上去是平面的，但根据模线可折叠为三维柱体。图6-47则回归最原始的印刷技术——印章，在工业化产品的机械理性、千篇一律的大格局下，钤印出来的名片很有手工艺的亲切感。

图 6-46　立体名片

图 6-47　印章名片

图 6-48 将文件袋的元素融入名片设计，并且采用复古风格。图 6-49 则将名片设计为正方形。

图 6-48　文件袋形名片

图 6-49　正方形名片

主题 03

名片设计实践

这里以一个企业形象升级改造设计中的名片改造设计为例来实践一下名片设计。设计背景是该企业要从加盟公司独立出来创建自己的品牌，主要业务是做门禁系统，要凸显科技感，体现专业、高端的调性。

其原名片正反面如图 6-50 和图 6-51 所示，整体形象需要重新设计，科技感及阅读体验需要改良。

图 6-50　原名片正面　　　　　　　　　　图 6-51　原名片背面

根据与客户的交流，设计出了新的视觉形象：以大面积蓝色和小面积红色的微对决色作为形象色，字体也以综艺体为基础进行重新设计。除了应用色彩和标识之外，大刀阔斧地去掉可要可不要的元素，强化重点。

根据客户的需求，共设计了两个方案，方案一的具体步骤如下。

步骤 1　设置名片尺寸，按常规尺寸 90mm×55mm 来设置页面，确定版心，定好出血线，如图 6-52 所示。

步骤 2　绘制上下两矩形，填充标准色，导入标识，输入主要信息，如图 6-53 所示。

图 6-52 设置页面、版心、出血线

图 6-53 初步排版

步骤 3　设置不同文字的字体及大小以强调主体，由于这是个人名片，所以要强调人名，将文本左对齐，公司名置于名片上方，如图 6-54 所示。

步骤 4　微调字体及大小，最终效果如图 6-55 所示。

图 6-54 深化排版

图 6-55 微调版面

　　客户认为这个设计虽比原设计要好，但希望个性更突出，更有特色。于是设计师就将刚刚设计完的企业画册封面（图 6-56）中的图案元素应用到了名片中来，将上下两块色带简化为一块，形成更加统一的风格且个性更突出。方案二的大体步骤如下。

步骤 1　将画册封面设计中的主要设计元素应用到名片中，如图 6-57 所示。

图 6-56 企业画册封面

图 6-57 正面版面初排

步骤2 设计名片背面。继续应用正面图案，输入文字，增加视觉度，整体效果在方案一的基础上得到了提升，如图6-58所示。但名片风格仍然略显琐碎，且活力不足。于是做了微调，将正面的公司名称去掉，更加突出持有者的名称及电话，如图6-59所示。

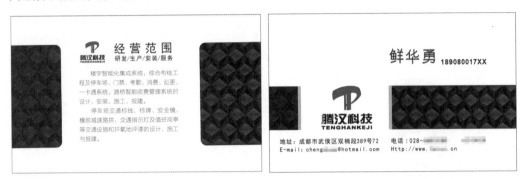

图 6-58 背面版面初排　　　　　　　　图 6-59 深化正面版面

步骤3 与客户交流时，客户认为还是应该保留公司全称，于是将公司全称移到名片左下方，舍弃英文名，与下面的文字形成一个块面，如图6-60所示。

图 6-60 名片正面定稿

步骤4 将背面图案及文字倾斜一些，增加动感、活跃版面，再加两个箭头引导视线，如图 6-61 所示。至此，设计定稿！

图 6-61 名片背面定稿

> ## 本章小结
>
> 　　名片可以从用途、材料、工艺及印刷色彩等方面进行分类；虽然名片有约定俗成的尺寸，但设计没有标准答案，只要工艺能达到，可以大胆地突破，设计出让人过目不忘、印象深刻的名片。
>
> 　　在设计上要注意把握调性，突出持有者的职业领域并彰显其个性，在材料、工艺、尺寸、互动及用户体验等方面进行创意，看似简单的方寸之地其实做好也不容易。

第7章
海报版式设计

海报是一种传统的宣传形式，画面简洁，能够快速抓住受众眼球，是最基本的设计。
做好了海报设计，将其稍作调整就可以变为报纸广告、杂志广告或户外广告等。

主题 **01**

海报版式设计知识链接

　　海报又称"招贴"或"宣传画"，是一种古老的户外广告形式。本名 Poster，Post，柱子，所以 Poster 也就是"贴在柱子上的告示"。清朝末年，洋人以海船载洋货于我国沿海码头停泊，并将 Poster 张贴于码头沿街各醒目处，以促销其船货，沿海市民称之为"海报"，如图 7-1 和图 7-2 所示。以后凡是类似目的及其他传递消息作用的张贴都称为"海报"，如图 7-3 所示。海报以前基本都是在纸质媒体上出现，但如今已经不局限于传统意义上招徕顾客的张贴物，新媒体上也有海报，如图 7-4 所示。

图 7-1　民国时期海报 1

图 7-2　民国时期海报 2

图 7-3　美国征兵海报

图 7-4　电商海报

　　根据主题可将其分为商业海报（宣传产品特征、优势、卖点及企业文化等，如图 7-5 所示）和公益海报（环保类：节约、反贪及保护动物等；社会类：社会公德、知识产权及公共关系等，如图 7-6 所示；文化类：体育、影剧、节庆、文化活动及行政命令宣传等）。

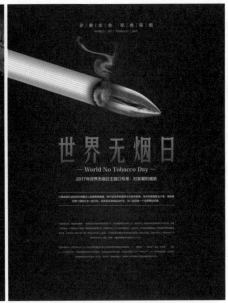

图7-5 商业海报   图7-6 公益海报

1. 海报的媒体特点

（1）远视性强。海报要在众多信息中引人注目，所以常以大幅或超大幅的画面来夺
人眼球，色彩突出、跳跃，诉求主题明确、言简意赅，如图7-7和图7-8所示。

图7-7 房地产海报   图7-8 水果店海报

（2）艺术性强，创意角度广，表现形式多样，可置于画廊中做主题海报展，如图 7-9
所示。

图 7-9 靳埭强设计奖 2004/ 铜奖《引领》（童斌锋，海报设计，汕头大学长江艺术与设计学院）

（3）适用范围广，置于不同的地点，以不同的尺寸出现，就可以演化为路牌广告、
车体广告、DM 广告、报纸广告及杂志广告等形式，如图 7-10 和图 7-11 所示。

图 7-10 报纸广告   图 7-11 公交站广告

2. 海报设计要点

根据媒体特征，要快速吸引人的注意力需要抓住两点：一是创意，要善于"抢点"，争取在 0.2 秒之内吸引受众注意力；二是版式，充分运用前面所学的知识，突出主体。两样配合，海报设计即成。

（1）以创意为中心。在设计海报前，应先进行科学的市场和社会调查，做出分析和定位。结合广告宣传的目标，科学地编排文字、图形及色彩等要素，使广告具有深刻的内涵和较强的视觉冲击力，给人以深刻的印象，达到强烈的视觉传达效果，符合比尔·伯恩巴克所说的 RIO（Relevance 关联性、Impact 震撼性、Originality 原创性）原则，如图 7-12 和图 7-13 所示。

图 7-12 国外食品广告 1

图 7-13 国外食品广告 2

（2）以色彩为辅助。配合图形或文字创意，利用色彩关系，使用强烈的色彩，发挥最大限度的对照。跳出周围环境，调动受众的视觉观注点，用色彩关系导向阅读流程，如图 7-14 和图 7-15 所示。

图 7-14　雀巢咖啡海报　　　　　　　　　图 7-15　新浪网海报

（3）以版式设计为配合。选择合适的版式样式，合理安排图形与文字的位置，达到最佳视觉效果。如图 7-16 所示，加入图片以提高视觉度，设置适当的文字跳跃率以活跃版面；提高明度对比、主体周围留足够的空白以强调主体。

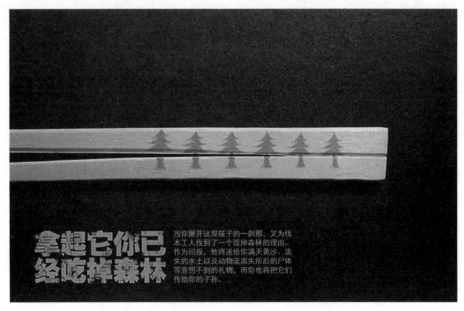

图 7-16　公益海报

主题 **02**

海报设计鉴赏

　　海报历史较长，经典作品很多，下面来欣赏几张海报的设计（本节素材均来自"设计之家"网）。图 7-17 所示的海报直接用黑色大字展示主题，字母中间的"I"和"O"被置换为两个球拍；在色彩方面，红绿两个准对决色非常醒目，黄色乒乓球在两个球拍中间，既暗示比赛又丰富色彩；比赛时间和地点放在球拍上，简洁明了。图 7-18 所示的电影海报则反其道而行之，画面中心恰恰空了出来，视线被绳子、文字和足迹所引导，引发受众无限想象，甚至比展示出主角更有韵味。

图 7-17　体育海报　　　　　　　　　　图 7-18　电影海报

图 7-19 所示的公益海报以对比手法来表现主题，上下各加一行文字，稍微降低图版率，既快速表达主题，又不至于太空洞。

图 7-19 公益海报

图 7-20 用替换元素的创意手法将三个打开的盒子组成文字，周围用一圈经过设计的文字做装饰，为突出主体，文字使用细线条和浅灰色。

图 7-20 文化海报

图 7-21 所示的餐饮海报全部用挖版图却不显得乱，是因为上面的几个图表面是挖版图，实际是出血图。图 7-22 所示的海报采用海报设计中两半相似图对拼的惯用手法，但是用的是文字与半图对拼，且半图也是用牛仔布拼贴而成的，突出了主题。

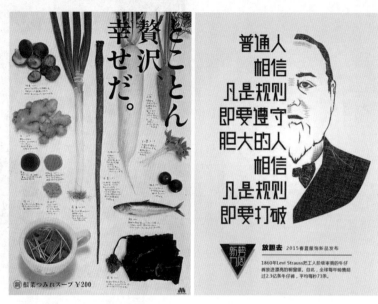

图 7-21　餐饮海报　　　　　　　图 7-22　展会海报

图 7-23 所示的招聘海报采用复古风格，用仿雕版套色印刷的方式呈现；图 7-24 则大大提高了空白率，采用纤细的字体，对称的构图，错位的引线标注，体现出雅致的调性。

图 7-23　招聘海报　　　　　　　图 7-24　网站海报

主题 **03**

海报设计实践

这里以一个产品海报为例，来实践一下版式设计。首先与客户充分沟通，进行市场调查后，理出的思路如图 7-25 所示。

产　　品：休闲躺椅
客户目的：提升公司形象，促进销售

⬇

调　　性：偏高档，有品位

⬇

版面样式：

空白率、网格拘束率高——高档
视觉度、图版率、跳跃率高——活跃画面
图片角版为主，挖版为辅——严谨而不呆板

版面调整：

根据具体情况

图 7-25　设计思路

修改前的设计如图 7-26 所示。

图 7-26　整改前的效果

整体改前的海报版式有以下缺点。

● 版式设计毫无生气。

● 版面构成略显混乱。

● 视觉路线设计不符合视觉习惯。

● 主体不突出：三个产品图片一样大，都想突出却一个也未能突出。其实突出一个即可，如果消费者在一棵树上吃到一个甜果子，他们就会相信整棵树上的果子都是甜的。

再来重新设计。

步骤 1　构图。好的广告版面就是一个舞台，在上面可以编演剧情，制造紧张、冲击及各种引人注目的元素。首先得确定版心，定好参考线，如图 7-27 所示，必要时设定好中心线和边缘"出血"线等。

步骤 2　通常将产品图片放在引人注目的区域，也就是视觉中心，本例放在画面中偏上的位置，如图 7-28 所示。

图 7-27　设置版心

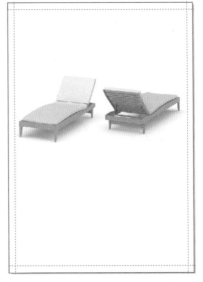

图 7-28　将主角放在醒目位置

步骤 3　加上标题，副标题可吸取产品主色予以照应，如图 7-29 所示。注意，标题要简短易记忆，简单的标题永远胜过长标题。前面说过，越简洁越高端，装饰越多越活跃亲民，字体也是这样，要符合调性，如图 7-30 所示。

Wood&Cotten
PATIO AND INDOOR FURNITURE

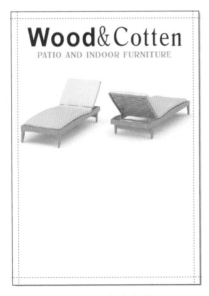

图 7-29　加上标题

Wood&Cotten
PATIO AND INDOOR FURNITURE
经典的往往是正确的！
WOOD&COTTEN
PATIO AND INDOOR FURNITURE
装饰字体：效果一般。
Wood&Cotten
PATIO AND INDOOR FURNITURE
两种字体搭配：形意相符。

图 7-30　几种典型的标题文字

步骤 4　加上正文。观点要清晰，直接表明态度，如图 7-31 所示。

步骤 5　加入 Logo 和附文，表明身份，如图 7-32 所示。Logo 不宜过大，因为主角是产品而不是商店；并且，低调意味着自信。

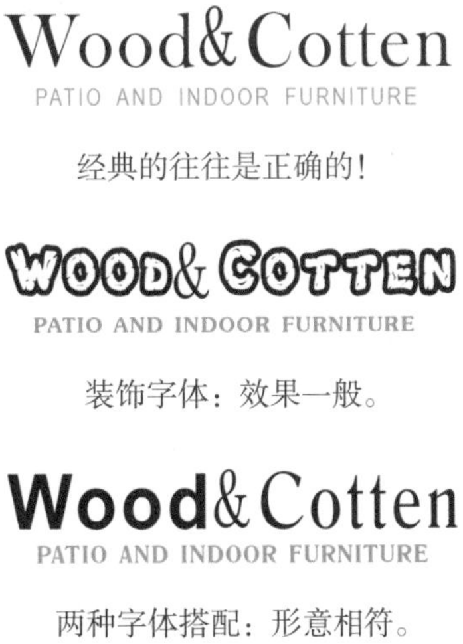

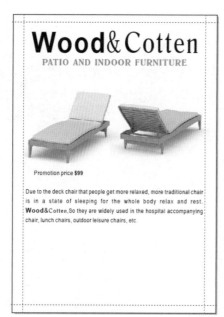
图 7-31 加上正文

图 7-32 加上 Logo

步骤 6 整理并添加地图。网络地图过于琐碎，对它进行简化处理后再加上去，如图 7-33 所示。

图 7-33 简化地图

步骤 7　加上辅助图片，如图 7-34 所示。

步骤 8　版面调整。明确内容版块，将标题、主图、正文及附图、附文及地图的间隔加大；将价格移到右边并标红，加上二维码，完成海报设计，如图 7-35 所示。

 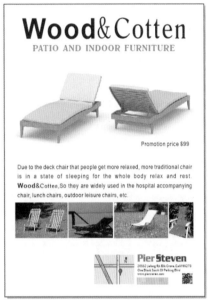

图 7-34　加上辅助图片　　　　　图 7-35　加大正文与附文间的空白

最后比较一下：修改后的海报优化了视觉路线，提高了图片跳跃率和网格拘束率，显得更加简洁大气上档次，成功地表达了产品的调性，如图 7-36 和图 7-37 所示。

 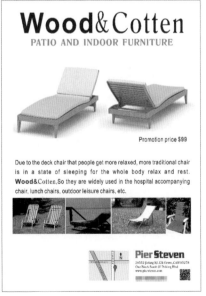

图 7-36　对比前后效果

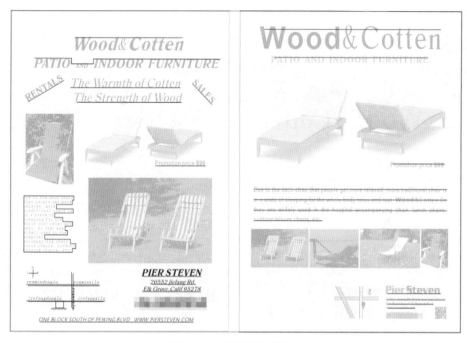

图 7-37　视觉流程分析

本章小结

　　海报在从兴起到现在的一百多年里历经了各种印刷技术，从商业海报到政治海报再到商业海报，在风格、内涵和外延上都有所变化，基本可分为商业海报和公益海报两大类。在海报的设计上需注意远视性、艺术性和可拓展变化性。本章在分析了几张海报的设计后，以版式设计的流程结合海报媒体的特点对一个产品海报进行了改造设计。

第8章

画册版式设计

企业宣传画册是企业的名片。用流畅的线条、和谐的图片配以优美的文字，组合成一本既富有创意，又具有可读、可赏性的精美画册。全方位立体展示企业的风貌和理念、宣传产品并塑造品牌形象。

主题 **01**

画册版式知识链接

一本成功的画册是企业综合实力的体现，浓缩了企业历程和发展方向，向公众展现企业文化、塑造公司形象。

1. 画册作用

产品和品牌主要靠各种广告活动来宣传，而广告的版面总是有限的，画册能突破广告的时间和空间限制，与客户充分地沟通。

其主要作用有以下几点。

（1）宣传推广。你是谁，你能提供什么服务，你的优势在哪儿，等等。如图 8-1 和图 8-2 所示。

图 8-1　企业简介

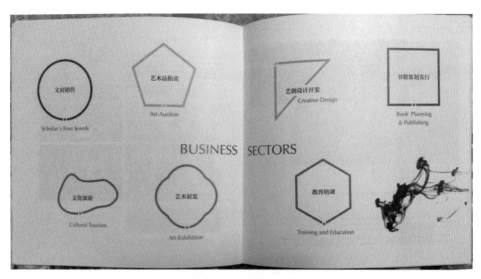

图 8-2　产品或业务简介

（2）体现企业或品牌的综合实力。画册的设计与制作质量能体现企业或品牌的实力，实力雄厚的公司的画册看起来赏心悦目，在视觉、触觉、嗅觉及听觉等方面都给人愉悦的感受，如图 8-3 和图 8-4 所示；反之，如果公司画册粗制滥造，则会给人低品质、无信誉之感。

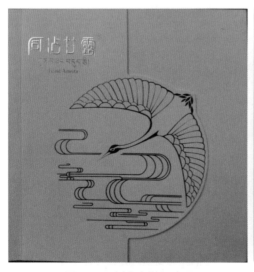

图 8-3　高端矿泉水画册

图 8-4　企业服务公司画册

（3）激发顾客的潜在行动。人都有潜在需求，说不定翻阅画册时就会引起顾客的兴趣，进而促使其产生了实质性的行动。图 8-5 是一家印刷公司的画册，封面和封底就用了最能代表该公司实力的印刷技术，甚至有的还在画册里附带其样品，引起受众的兴趣，促进其产生购买行为。

图 8-5　印务公司画册

（4）可用作参考资料，永久保存。图 8-6 是一家高档茶楼的画册，材料考究、制作精良、版式美观，极具收藏价值。

图 8-6　高档茶楼画册

2. 画册类别

画册主要分为企业形象画册和产品画册两类。

企业形象画册从企业的文化、经营理念及背景等要素出发，设计出最适合企业性质的高档次画册，如企业介绍、年鉴及夹带企业广告的实用工具手册（如常用的电话本和日历本）等，如图 8-7 和图 8-8 所示。

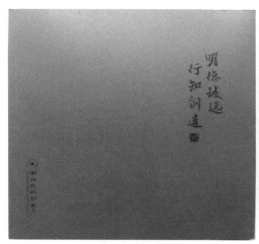

图 8-7　学校画册　　　　　　　　　　　　　图 8-8　企业画册

企业产品画册主要以产品的功能和企业性质为基础，应用图形创意和设计元素来体现产品的功能，如图 8-9 和图 8-10 所示。

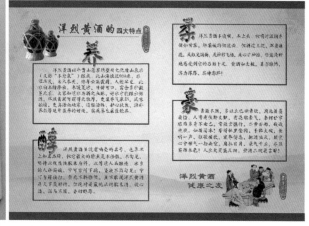

图 8-9　木艺画册　　　　　　　　　　　　　图 8-10　黄酒画册

此外，很多画册兼具企业形象和企业产品两方面，通常称为"宣传画册"。

3. 画册设计要点

制作一本好的画册需要耗费大量人力、物力和财力，不可草率。下面从设计流程和制作要点两方面来简要介绍画册设计要点。

（1）设计流程。

首先是策划，"谋定而后动"，前期的沟通工作非常重要，好的画册设计几乎一半时间都花在前期沟通上，以免"差之毫厘，谬以千里"。策划人员与客户一起就画册的定位和目的等进行策划，充分考虑营销功能，使画册具有鲜明的特色，凸显诉求，避免同质化。图 8-11 是一款高档大米的画册，看到这款画册就能感受到产品的品质。

图 8-11　大米画册内页 1

其次是创意。设计师根据策划及预算来设计符合定位调性的版面，以视觉艺术、材质和工艺来全方位立体展示企业形象、产品形象与品牌形象，如图 8-12 所示。

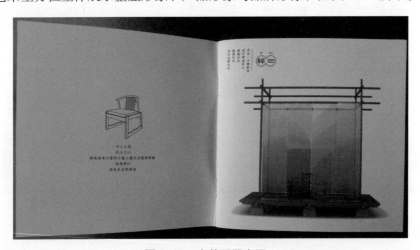

图 8-12　木艺画册内页 1

在正式印制之前还需要打样制作，进行最后一次订正。设计师与客户一起讨论、修正并完稿，然后就可以印制了。

（2）制作要点。

首先色彩要准确，制作要精美，要求纸张性能尽量好，如图 8-13 所示。还要预留出血线，以便后期裁切与装订。

图 8-13　木艺画册内页 2

其次风格要统一，要注重封面。一本画册可以每一页的版式都不同，但每一页的风格必须统一，如图 8-14 和图 8-15 所示。封面是一本画册的脸面，是画册内容、形式、开本、装订和制作工艺的综合体现，好的封面能给人留下良好的第一印象。

图 8-14　学校画册内页 1

图 8-15　学校画册内页 2

最后要注意画册内容在精不在多。要控制页数，在这个信息海量化、时间碎片化的年代，很少有人会看完页数太多的内容。突出重点，着重设计图片，再用精练的语言加以说明即可，如图 8-16 所示。若有详细信息，可以用附二维码关注公众号或公司主页的方式来展示。

图 8-16　大米画册内页 2

主题 **02**

画册设计欣赏

为了巩固知识，下面来看两个画册的设计。

1. 怀月集画册

怀月集是一款礼品网的画册，成品尺寸为 10cm×18cm。此画册用三折页的形式做了一个封套，画册粘于封套中间。封套的封面为圆形镂空，镂空周围过 UV，如图 8-17 所示。翻开后所见扉页实际是封套封底折过来的，对应的圆及文字为烫金工艺，如图 8-18 所示。

图 8-17　封套封面

图 8-18　封套扉页

翻开封套扉页即画册封面，承接前面的对称版式，宋画风格、祥云底纹和书法文字烫金，营造出一种典雅的调性，如图 8-19 所示。翻开画册封面，在说明页面两边皆截取一条古画，采用出血的编排方式，既稳定了版面，又呼应了封套扉页；文字采用细黑体，小字号，左对齐，段前段后距都比较大，如图 8-20 所示。

图 8-19　画册封面

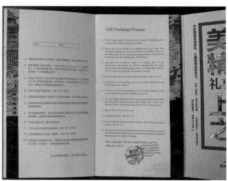

图 8-20　说明页

　　此画册之所以做个封套，除别致外就是能保护内页，因为内页是散页涂胶装订，可以 180° 翻开，故有个封套更牢固。版式上继续复制左右古画，上图下文，正文保持细黑体和小字号风格，如图 8-21 和图 8-22 所示。

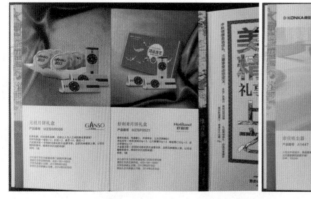

图 8-21　内页 1

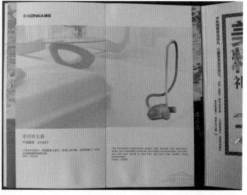

图 8-22　内页 2

2. 竹叶青茶业画册

　　竹叶青的画册秉承其品牌定位，在材质上采用亚光纸张，在色彩上尽量保持素净；在版式上，文字字号小、跳跃率低、空白率高，处处表现出高品质的调性。尺寸为 18cm×25cm，封面上的 Logo 为凹凸工艺，标题烫金，如图 8-23 所示。扉页采用小版心和大空白做出封面与内页的过渡效果，如图 8-24 所示。

图 8-23　封面封底

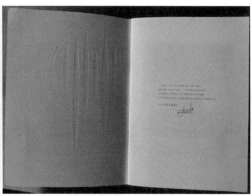

图 8-24　扉页

内页采用小字和略小的版心，或用黑白图，或用偏低饱和图，或用挖版小图来表现其高品质，如图 8-25 和图 8-26 所示。

图 8-25　内页 1

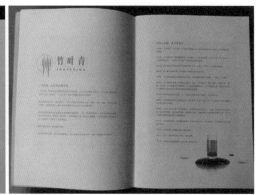

图 8-26　内页 2

几个主产品用跨版画面来展现，产品详情页面则以一大几小的图片来设计版式，如图 8-27 至图 8-32 所示。

图 8-27　内页 3

图 8-28　内页 4

图 8-29　内页 5　　　　　　　　图 8-30　内页 6

图 8-31　内页 7　　　　　　　　图 8-32　内页 8

主题 **03**

画册设计实践

1. 项目背景

第 6 章提到过，某家弱电科技公司以安装和维护门禁系统为主要业务，为脱离加盟自立门户，需要重新设计全套宣传品，重点之一就是画册。

2. 项目分析

经过与客户多次沟通，得出宣传的调性是：科技、专业、细致、周到。首先设计出了客户非常满意的标识，然后拟定了画册的设计大纲：页数为加封面 28 面；材料选用 157 克双铜纸，装订方式为骑马钉；内容包含企业简介、系列产品及成功案例。

3. 设计执行

（1）初稿。对项目有了初步了解后就把客户提供的文字及图片素材进行了分类梳理，然后用 InDesign 进行设计，主要页面设计如图 8-33 至图 8-38 所示。

图 8-33　封面

图 8-34　企业简介

图 8-35　内页 1　　　　　　　　　　　　图 8-36　内页 2

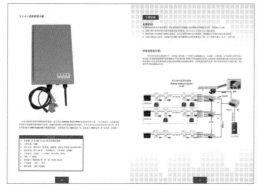

图 8-37　内页 3　　　　　　　　　　　　图 8-38　内页 4

（2）修改。将初稿与客户交流讨论后，得出以下修改意见。

①封面比较符合产品调性，但背景颜色用灰色科技感不强。

②将企业简介细化为公司简介和产品简介，占用 1 个对页；画册名为"产品手册"，所以定位是产品画册而不是形象画册，故那张海阔天空的图片就显得不够实在。

③将所有产品列入一个板块显得有点臃肿，本画册既然是产品画册，就要重点宣传产品，可将其分为 9 个系列板块来做。

④产品以图片为主，故产品参数以表格展示有点喧宾夺主，有的版面略显凌乱。

⑤图片需注意细节处理，为突出产品，可将背景弱化；还需注意图片的大小比例。

（3）定稿。在初稿的讨论修改意见上进行了几次调整后定稿，除了修正以上问题外，还将两个对页一浓一淡地搭配来稳定版面，运用版面网格、空白、图片的角版与挖版、图标及同类合并等技法来表现既定的调性，主要页面设计如图 8-39 至图 8-50 所示。

图 8-39　封面封底

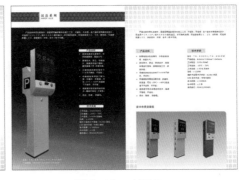

图 8-40　公司简介与产品简介

图 8-41　内页 1

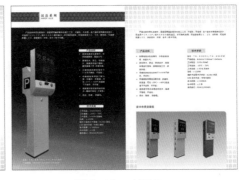

图 8-42　内页 2

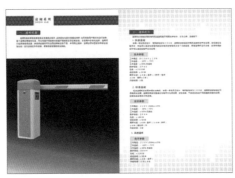

图 8-43　内页 3

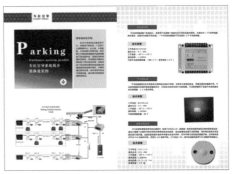

图 8-44　内页 4

图 8-45　内页 5

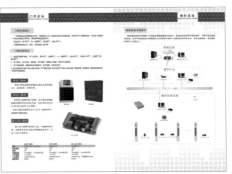

图 8-46　内页 6

图 8-47　内页 7　　　　　　　　　　　图 8-48　内页 8

图 8-49　内页 9　　　　　　　　　　　图 8-50　内页 10

本章小结

　　画册能打破时间与空间的限制，是企业的脸面，代表企业或品牌的实力，能宣传企业形象，发掘潜在客户。设计画册时需进行充分的策划交流，在版式、开本、材料、制作工艺等方面进行设计；把握对象调性，用视觉和触觉等设计语言结合用户体验来设计合适的画册；同时注意控制成本，因为还需打样做最终的校验。

第9章
报纸版式设计

毫无疑问，好的版式设计能方便阅读、提升发行量甚至塑造品牌。报纸是一种古老的媒体，它的版面有什么特点？它如何驾驭那么多信息？如何用版式设计来传达编辑意图？

报纸是一种传统媒体，是纸质媒体中内容最丰富、报道最及时、读者群体最广泛的一种大众传播媒介。即使在众多新媒体兴起的今天，报纸依然没有消失，而是在寻求转型。图 9-1 就是《成都商报》推出的电子版，图 9-2 则是电子阅报栏。可以看出，虽然报纸的载体变了，但版式基本没变，所以报纸的版式设计仍有生命力。

与其他媒体一样，报纸也需要好的内容和形式。内容是核心，但难以一眼观透；而内容的载体版式却能在第一时间吸引读者——好的版式设计有提升发行量的作用。

图 9-1 《成都商报》电子版　　　　　　图 9-2　电子阅报栏

主题 **01**

报纸版式设计知识链接

　　与其他媒体相比，在编辑方面，报纸版面大、篇幅广、编排灵活，但处理不好版面会影响阅读；在印刷方面，报纸成本低、纸张质量较低、色彩表现较差；在发行方面，报纸的目标受众与目标地域明确、覆盖面广，但寿命短暂、利用率低。因此，在设计报纸版面时必须要熟悉其特点，扬长避短。

1. 报纸版面的作用

　　这里将报纸版面的作用总结为以下几条。

　　首先，能让读者在阅读时更加方便和舒适，如图 9-3 所示。

　　其次，可以调动读者的激情，如图 9-4 所示。

图 9-3　阅读舒适方便的报纸版式　　　　图 9-4　调动读者激情的报纸版式

最后，长期保持一种版式设计还可以塑造报纸的整体风格，使读者一看版式就知道是什么报纸，如图9-5和图9-6所示。

图9-5 《华西都市报》　　　　　图9-6 《少年百科知识报》

2. 报纸版面构成

将一整张报纸翻开，通常分为左右两个整版加中间一条狭长的中缝，如图9-7所示。

图9-7　报纸一般由左右两版面加中缝构成

报纸采用的纸张开度和尺寸要视情况而定，一是看大报还是小报，二是同样的开度各家报纸会有细微的差别。

现代报纸幅面主要有对开和四开两种，俗称大报和小报。其中我国的对开报纸幅面为 780mm×550mm，版心尺寸为 350mm×490mm×2，如图 9-8 所示。一般分 6 栏，正文通常为小五字号、整版 120~125 行，版心万余字，横排与直排所占比例约 8:2。四开报纸幅面尺寸为 540mm×390mm，版心尺寸为 235mm×350mm×2，一般分 4 栏，版心六千余字。当然也有 8 开小报，不过并不多见。

与其他媒体不同的是，设计报纸版面时无须考虑出血线。

报纸版面最少四版，最多上百版，并按顺序称之为第 1 版（即"头版"）、第 2 版、第 3 版、第 4 版……或者按栏目分为新闻版、社会版、经济版、文娱版、购物版及广告版等。

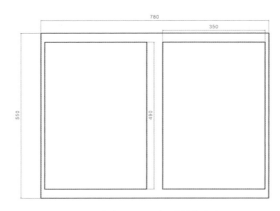

图 9-8　对开报纸尺寸

报纸版面是版面元素有规则的组合。各种版面元素都有各自内含的意义和特定作用，一般的报纸版面构成如图 9-9 所示。报纸版面主要由正文、标题、线条、照片和图画五种元素构成。

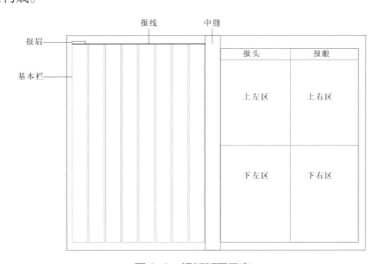

图 9-9　报纸版面元素

3. 报纸版面设计要点

由于报纸版面的特殊性，在设计上需要注意以下几点。

（1）栏式。大多数对开报纸以横排为主，垂直分栏，竖排报纸水平分栏。一个版面先分为六个或八个基本栏，再根据内容对基本栏进行变栏。变栏方法有两种，一是长栏，即将整数倍的基本栏进行合并，如二合一（即"双通栏"）、三合一（即"三通栏"）等；二是变栏，即将整数倍的基本栏进行重新等分，如五变三、三变二等，如图9-10所示。根据上述原则进行合理的版面分割后，就能按分割区域对版面的正文、标题、图片、线条及色彩等进行排版处理，构建一个中心突出、版面优美的报纸版面。

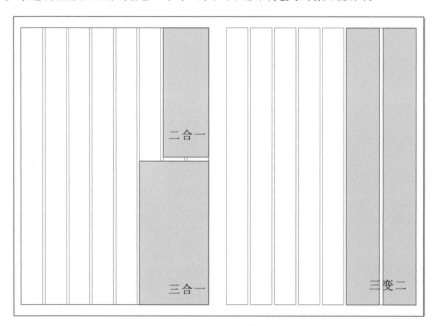

图 9-10　报纸栏式

（2）提高视觉度。由于报纸的版面大、信息多，因此提高视觉度、吸引眼球、营造版面视觉冲击就尤为重要。具体说来，可以从以下几个方面着手。

①突出宣传中心。将最具有视觉冲击力的图片和标题放在版面上部，做突出处理，如图9-11所示。加大头条稿件所占面积，加大头条文字的排栏宽度，拉长头条标题，加大标题字号以及使头条标题反白等，如图9-12所示。

图 9-11　以图片来突出宣传中心

图 9-12　以标题来突出宣传中心

如果把版面处理得过于花哨，反而会转移读者对内容本身的注意力，如图 9-13 所示。

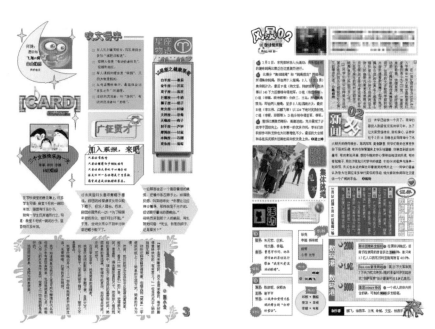

图 9-13　版式花哨的报纸

②巧用图片。前面也强调过，图片的视觉度要高于文字。如今信息爆炸，已经到了

"读图"时代，在版式设计上不再是"写给我"，而是"画给我"。随着时代的发展，图片的作用和地位越来越突出，所占据的版面位置也越来越大，对于版面大、信息杂的报纸的版面设计更要如此。报纸中不同图片的安排恰当与否，对版面的美观程度及视觉中心有直接影响。图 9-14 所示的图片为一天的新闻制造气氛，它诱使我们去读一条本来可能会被忽视的报道，或者刺激我们的视觉，吸引我们去买一份报纸。

③增加版面亮点。一般当读者对报纸头条不感兴趣时，就要在版面的中下部突出读者爱看的稿件，增加版面亮点，使之成为视觉中心。

在突出处理中下部稿件时，可以采取局部的图案修饰、加大的标题字号和版面面积、突出的题图设计、标题形状的奇特变化以及独特的花边形式等方式，如图 9-15 所示。

此外，一条有声有色且感染力强的标题，三言两语便能扣住读者的心弦。标题平齐、引题、主题、副题周围留白适当、黑白错落有致，极富现代气息，吸引读者的视线，如图 9-16 所示。

图 9-14　以图片来呈现新闻内容

图 9-15　增加版面亮点

图 9-16　考究的版式设计

（3）把握调性，刻画报纸的"生动表情"。整份报纸的风格须统一，要体现其定位和宗旨，并适应目标受众的口味，但每个版块又须在保持整体风格的前提下形成自己的风格，如图 9-17 至图 9-19 所示。一般说来，新闻版的"表情"力求凝重沉稳，版式注重大气庄重，体现新闻稿件的分量和内在震撼；文体版的"表情"力求活泼和激奋人心，琳琅满目的图片，展示扑面而来的时代气息和观看比赛时的紧张刺激；生活副刊版的"表情"热情、时尚而轻松，透过充满趣味的编排方式，传达现代人自足、自信的生活方式。

图 9-17 整体风格与版块风格 1　图 9-18 整体风格与版块风格 2　图 9-19 整体风格与版块风格 3

（4）注意视线流畅，以良好的用户体验为出发点，减轻视觉上的压力。可通过以下手段来实现。

①简化版面的构成要素。尽可能地舍去甩来甩去的走文、繁缛的花线、变来变去的字体以及可有可无的花网，追求大标题、小文章、轮廓分明的现代简约风格。如图 9-20 所示的版面，行文上很少拐弯，字体上较少变化，线条又粗又黑。此外，前面提到过，高空白率也可以使人在读报时产生轻松愉悦之感，标题越重要，周围就越要多留空白，如图 9-21 所示。

图 9-20　将内容图解更易快速阅读　　　图 9-21　高空白率给人轻松愉悦之感

②模块式编排，即前面讲的同类合并。模块就是一个块，它既可以是一篇文章，也可以是包括正文、附件和图片在内的一组元素，版面都由一个个模块组成。这种设计最大的好处是方便读者阅读，如图9-22所示。

读者读报时，视线在版面上往往只停留一瞬间。因此，如果把每篇稿件或者把意义相近或相反的稿件都框起来，独立成块，不与其他稿件交叉，就能将读者的视线锁定，产生简纯而规整的美感，传递一种不用文字表达的新信息，如图9-23所示。

图9-22 模块化版面1　　　　　　图9-23 模块化版面2

主题 **02**

报纸版面设计欣赏

　　为巩固知识、启发灵感，下面欣赏几个优秀的报纸版式设计（本节图片来自"设友公社"网）。

　　图 9-24 和图 9-25 的报纸版面主要采用较细的栏式、增大图版率、辅以变栏等手法以求得一种修长、雅致又可快速浏览的效果。

图 9-24　修长的版式 1　　　　　图 9-25　修长的版式 2

　　图 9-26 和图 9-27 则主要采用对称的手法来设计版式，同样用较大的图版率辅以模块化等手法使版面在稳定的同时又富有变化。

图 9-26 对称的版式 1 　　　　　　　　图 9-27 对称的版式 2

图 9-28 和图 9-29 所示的版式主要采用直线分割手法，在细节处理上采用挖版图片与较开放的色相搭配，使整个版面既亲民又不失格调。

图 9-28 均衡的版式 1 　　　　　　　　图 9-29 均衡的版式 2

　　设计有法，却无定法，规则就是用来突破的。常规思维的栏式是水平或垂直的，但图 9-30 和图 9-31 却告诉我们："谁说栏式一定就是水平或垂直的？"

图 9-30　环形的栏式　　　　　　图 9-31　倾斜的栏式

主题 **03**

报纸版面设计实践

这里以一张校报为例,对其进行一次重新设计。

图 9-32 是报纸的一、四版照片,可以看出,这张报纸在版式上没什么大的问题,但仍有改进空间:表现出的调性偏闲适,如分栏不太严谨,标题大小、字体及颜色略显随意。而高校校报的调性应该更加理性和严谨。

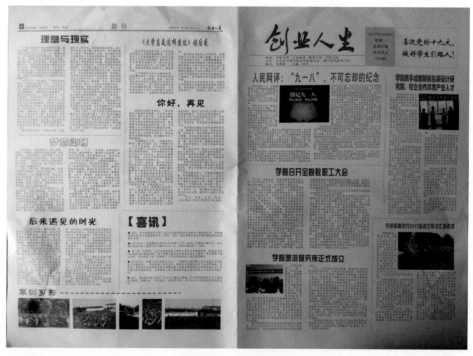

图 9-32 校报实拍

下面以 InDesign 为例来演示一下简要步骤。

步骤 1 创建文件并设置版面参数。创建一个新文件,或直接选择已经设计好的报纸版式模板文件。设置该报纸的页面大小和分栏数等版面参数，如图 9-33 所示。

　　注：这种四版报纸可设为 5 页，第 1 页不用。也可设为 4 页，然后使用"合并跨页"命令将其合并为两个跨页。

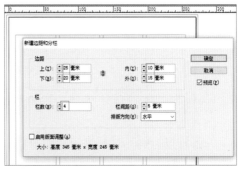

图 9-33　报纸版面的设置

步骤 2　电子划版。设置好版面以后，根据编辑或美工所提供的设计稿进行版面的划分，可用文本框绘出文章或标题所占的位置和大小，用框架工具绘出图片所占的位置和大小，如图 9-34 所示。当然，也可以边绘制图文框边置入图文内容。

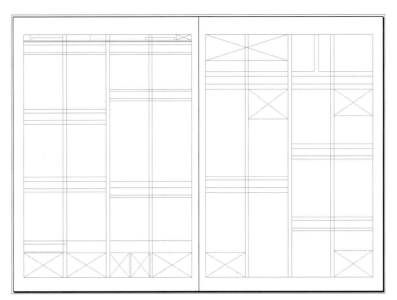

图 9-34　电子划版

　　注意：在划分版面时，如果显示并正确设置版面网格将会大大节省制作时间。那么，什么是正确设置版面网格呢？简单地说，就是把版面网格的每一格都设置成版面正文字大小，即一个网格代表一个中文基本字。以此报为例，如果版面基本字宽为 7 点

（磅），每栏23字，这样设置出来的网格将与排版时置入的中文字一一对应，如图9-35所示。

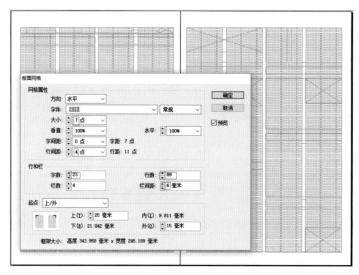

图9-35 设置版面网格

步骤3 设置绕排、分栏与正文样式。划分完版面以后，可将标题框架和图片框架设置为文本绕排，如图9-36所示；然后设置文本框分栏数，如图9-37所示；按【F11】键设置正文样式，如图9-38所示。

图9-36 设置文本绕排

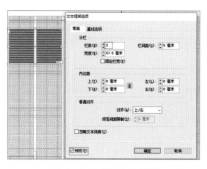

图9-37 设置分栏数

图9-38 设置正文样式

步骤 4 置入图文。在标题处置入标题文字并设置标题样式，在图框中置入相应的图片，如图 9-39 所示。

图 9-39 置入图文

步骤 5 继续置入图文，将副刊版标题的颜色和字体设计得丰富一些，效果如图 9-40 所示。

图 9-40 置入其他图文

步骤 6 绘制辅助图形。版面设计中经常要用到图形绘制的操作。此例中也需要绘制一些线条或图形，效果如图 9-41 所示。

比较一下原稿和修改方案。按【W】键预览版面效果可以看出，修改方案的分栏更理性，标题文字跳跃率更低，字体、文字大小和颜色数量控制得更少，尽量用空白来分区，整体调性显得更像高校校报，如图9-42和图9-43所示。

图 9-41　绘制辅助图形

图 9-42　原版式效果

图 9-43　版式修改方案

本章小结

　　报纸版式设计能为阅读带来方便和舒适感，能激发读者情感、塑造报纸风格、提升发行量。

　　设计报纸版面时须结合媒体特性、用户体验和版式设计规律等因素。

　　在具体设计时须灵活运用栏式、图片、标题、色彩、图表及模块等。

第 10 章
宣传页版式设计

宣传页是一种传统的媒体，它灵活、廉价，不受环境、版面等限制，所以在当今网络时代仍有较强的生命力。那么，如何让人乐于接受宣传页？如何让人眼前一亮、读完宣传页上的信息？又如何增加宣传页的用户体验呢？

宣传页的前身是 DM 单（Direct Mail，直邮广告），现在通信发达，邮寄式微，除电子邮箱之外，严格意义上的直邮广告几乎绝迹，但它仍以宣传页的形式存在于各大卖场和学校门口等人员集中的地方，或自取，或派发，显示出顽强的生命力，如图 10-1 和图 10-2 所示。

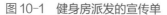

图 10-1　健身房派发的宣传单　　　　　图 10-2　电子邮箱里收到的 DM 单

主题 **01**

宣传页版式设计知识链接

　　宣传页是介于海报与画册之间的一种宣传媒体，是户外广告的一种，一般从单页到七八折页不等。媒体一般将广告位和广告时段通过中间商贩卖给广告主，而宣传页则不通过中间商，可以直达消费者。因此，宣传页的目标区域更明确、目标人群针对性更强、运营自主性更高。

　　宣传页的形式有传单型、卡片型及产品目录型等。

　　传单型即单页或折页广告纸张，如图 10-3 所示。

图 10-3　三折页形式的广告纸

　　卡片型就是将宣传页印刷成卡片状形体（或立体卡片），让顾客留存，以达到广告效果，如图 10-4 所示；将企业的最新产品罗列出来就是产品目录，如图 10-5 所示。

图 10-4　卡片型宣传页　　　　　　　　　　　图 10-5　产品目录

1. 宣传页版面特点

　　宣传页最大的特点就是灵活，可根据具体情况来选择版面大小并自行确定信息的长短及印刷形式，广告主只考虑广告的预算及规模大小。此外，广告主可以随心所欲地制作出各式各样的宣传页。

　　就版面来说，宣传页就像手卷或册页，单页是一个悦目的、独立的版面，展开后也是一个连续的、整体的版面，如图 10-6 所示；甚至展开后才能看清其公司名称或广告口号，如图 10-7 所示。

图 10-6　版面连续性 1

图 10-7　版面连续性 2

2. 宣传页版面设计要点

宣传页形式无固定法则，可视具体情况灵活掌握，自由发挥，出奇制胜。这里列出几点来抛砖引玉。

（1）"知己知彼，百战不殆"，设计者需要透彻地了解产品，把握目标人群的心理。首先得用心，设计时注意加工工艺，可用厚点的纸，如 157 克以上的纸。如图 10-8 所示的三折页就是选用 157 克的哑粉纸，Logo 用凹凸烫银工艺，让人拿到就不忍丢掉。

图 10-8　选择合适的纸张和工艺

（2）美观大方。可从色调、图片及文字等方面考虑。色调传播最快，能迅速吸引视线，如图 10-9 所示，中黄的背景色配上公司 Logo，非常醒目且悦目。图 10-10 所示的折页封面大面积留白，再加上考究的字体和富有质感的纸张，表现出了高品质、大气的调性。

图 10-9　醒目的色调　　　　　　　　　图 10-10　质感好的纸张

（3）若是折页，可在方便打开的前提下在折叠方法上进行创意，可参考折纸艺术。图 10-11 和图 10-12 的宣传页承续了该公司名片的风格，在立体中展开平面，有互动，有趣味，用户体验感较强。

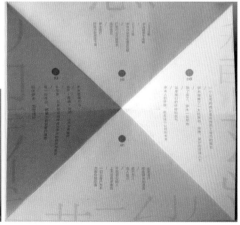

图 10-11　三角形的折页　　　　　　　　图 10-12　展开后是正方形

图 10-13 打破了左右折页的惯例，改为上下折页；图 10-14 则外加了一个封套。

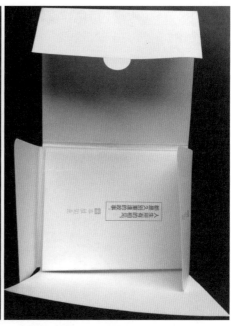

图 10-13　上下折页　　　　　　　　　　图 10-14　外加封套

　　图 10-15 和图 10-16 除了加封套之外，还在封套上做了镂空效果，并且折叠方式不是常规的横折或纵折，而是纵横双向折，方便携带。

图 10-15　封套镂空　　　　　　　　　　图 10-16　纵横双向折

图 10-17 和图 10-18 的宣传页封套别出心裁地采用了信封形式，让人倍感亲切。

图 10-17　信封式封套　　　　　　　　图 10-18　封套内的宣传页

主题 **02**

宣传页版面设计欣赏

　　为了巩固知识、打开思路，下面欣赏几份经典的宣传页（本节图片均来自"设计之家"网）。

　　图 10-19 至图 10-24 是某艺术高中绘画展的宣传折页，该折页在设计上将折页和海报融为一体，正面是折页，但展开后是一张海报。此外，还设计了三个镂空，增加了阅读趣味与互动性。在版式上采用低跳跃率和高空白率来表现其格调，并且穿插了几个对决色圆角矩形来活跃版面气氛。

图 10-19　宣传折页封面

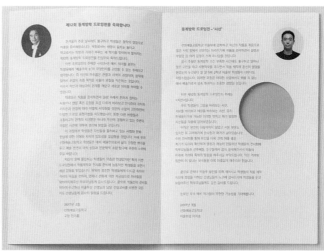

图 10-20　宣传页内页 1

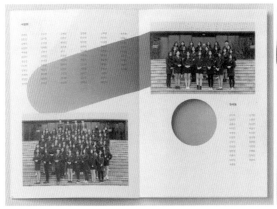
图 10-21　宣传页内页 2

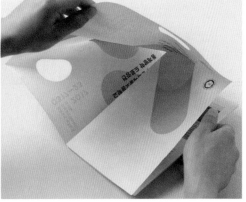
图 10-22　展开宣传页 1

图 10-23　展开宣传页 2

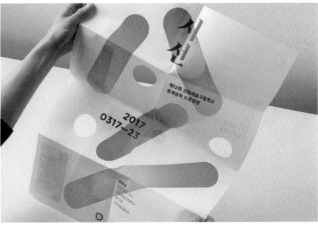
图 10-24　展开宣传页 3

将形式与版式结合起来能增加互动性。图 10-25 在折叠处横切两刀，打开后就能做出简易的立体效果；图 10-26 则采用异形，合拢像树叶，打开如绿芽。

图 10-25　立体式宣传页

图 10-26　异形宣传页

尽量用图说话是现代视觉传达设计的重要原则之一。图 10-27 的宣传页以图表为主要元素，而没有以折痕为界，在色彩上也是以微对决色来统领整个版面，浑然天成。

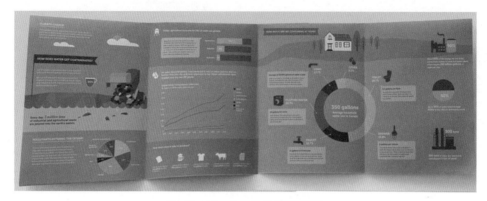

图 10-27　水危机公益宣传页

图 10-28 的宣传页色带是直接在图片上吸取的颜色，与画面非常协调；图 10-29 是其另外一面，全部采用挖版图片，并且除上下两边的文字外，其余全随图片曲线排列，版面既稳定又有动感。

图 10-28　立体式宣传页

图 10-29　异形宣传页

主题 **03**

宣传页版面设计实践

下面以"洋烈黄酒"为例来做一个宣传三折页。

黄酒是最古老的三种酒之一，由中国发明，故采用中国风元素：红色的封面、黄酒的色调、书法字体及斗方等。亮点是将四个斗方连成一串并进行裁切，有如节庆灯笼，封面和内页的公司名称浑然一体，提升趣味性和用户体验。这里用 CorelDraw 来设计版式，主要设计步骤如下。

步骤 1　材质及尺寸设计。用 16 开纸制作，材料为 157 克哑粉纸。新建文件，如图 10-30 所示，设置 3mm 的出血线，拉出折痕辅助线，如图 10-31 所示。

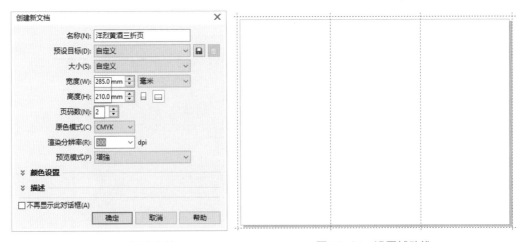

图 10-30　新建文件　　　　　　　　　图 10-31　设置辅助线

步骤 2　制作封面。制作外页形状后进行配色，将产品名、品牌名、公司名及广告口号等主要信息置于封面，如图 10-32 所示。

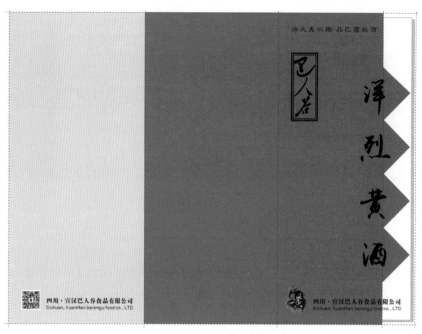

图 10-32 填充主色及主要文字

步骤 3　完成外页。一面是洋烈黄酒的由来，另一面是洋烈黄酒的赞词。配合书法体与印刷体，角版与挖版，注意封面与左页的配合关系。最后，裁掉部分边缘文字，如图 10-33 所示。

图 10-33 完成外页设计

步骤 4　制作内页第一版面。切换到内页，制作好页面外形，填充底色。将标题用三种字体样式及两种字体大小来展示，突出"制作流程"；制作流程的字体采用隶书，与外页赞诗相呼应，加上外框对齐分布，再用箭头表示流程；底部用红色字体活跃气氛，如图 10-34 所示。

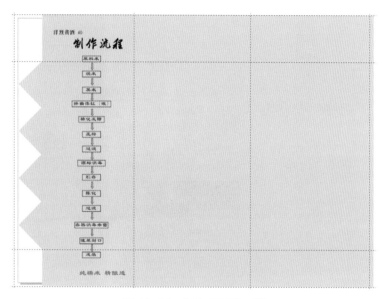

图 10-34　制作内页第一版

步骤 5　制作内页第二版。用对齐网格但小标题错位的方式排版，再添加一张照片来活跃版面，如图 10-35 所示。

图 10-35　制作内页第二版

步骤6　制作内页最后一版。将几个主要产品做成挖版，在旁边展示对应的产品信息；加上外框，稳定版面，如图 10-36 所示。

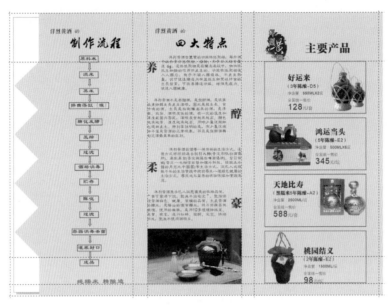

图 10-36　制作内页第三版

步骤7　进行调整。内页色彩较单一，可将一个版面调成红色，既呼应外页，又有阴阳对比的效果，可以让版面更和谐；"四大特点"的文字可用书法体或雕版体来凸显传统调性。调整效果如图 10-37 所示。

图 10-37　版面调整

至此，三折页版式设计完成，效果如图 10-38 和图 10-39 所示。

图 10-38　三折页展开效果图　　　　　图 10-39　三折页折叠效果图

本章小结

宣传页的前身是 DM 单，是介于海报和画册之间的一种宣传媒体。

设计宣传页时须先深入调研产品和目标人群，可整体考虑目标预期、成本预算、材料工艺、折叠方式及用户体验等。

第11章
UI 版式设计

当今时代，人们越来越离不开电脑和手机，而界面（UI）友好与否直接关系到用户体验度，也展现了企业的形象。那么，UI 版式设计的趋势如何？设计要点又有哪些呢？

UI 的本意是用户界面，是英文 User 和 Interface 的缩写，包括（移动）终端设备上的网页界面、手机界面及游戏界面等（本章主要讨论网页界面和手机界面）。在新媒体日益强大的今天，UI 设计的需求量越来越大，对 UI 设计的质量要求也越来越高。好的 UI 设计不仅能彰显个性与品位，还能促进销售，如图 11-1 和图 11-2 所示。

图 11-1　网页 UI　　　　　　　　　　　　　　图 11-2　手机 UI

主题 **01**

UI 版式设计知识链接

UI 设计是人机交互、操作逻辑及美观界面的综合设计，相当于产品的脸面。一个漂亮的界面会给人带来视觉享受，拉近人与商品的距离。在"4C 营销"时代，要特别注意终端用户的感受。

版式设计原理相通，只是在不同的场合与不同的媒体中情况不同而已。与传统媒体版式相比，UI 版式除了有视听交互体验外，最大的不同之处在于，大多数纸媒为横式版面，而 UI 一般是竖式版面，如同一幅手卷，只不过是竖式展开的。

1. UI 版式设计趋势

网页设计刚兴起时，流行以三维酷炫的特效和刺激的质感来增加用户体验，或是讲求"视觉饱满度"，如图 11-3 所示。但随着技术的不断升级，计算机显示器的分辨率越来越高，手机屏幕越来越大，信息量也随之扩展。界面承载的信息变多之后，繁复的装饰会让界面变得臃肿，要大刀阔斧地去掉那些繁杂的装饰，留出更多的

图 11-3　追求"视觉饱满"的 UI 设计

余白，在 UI 设计上兴起"扁平化"风格，走简约路线，如图 11-4 所示。需要注意的是，"扁平化"设计绝非"简单化"设计，需要结合版式设计原理与 UI 设计规范进行设计。

图 11-4　"扁平化" UI 设计

虽然要走扁平化的简约路线，但渐变填充代替实心填充也是一大趋势，因为渐变填充看起来更有深度。比较一下淘宝网以前的主页和现在的主页就能看出这种变化，如图 11-5 所示。

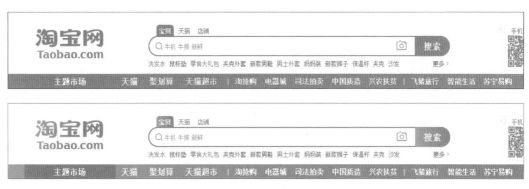

图 11-5　UI 设计渐变填充趋势

2.UI 版式设计要点

除了图片、文字及色彩外，根据媒体特点，UI 设计的要点可以概括为三句话：把握尺寸，注意两头，前后穿插。

（1）把握尺寸。由于 UI 是在电子媒体上呈现的，所以页面尺寸与设备分辨率有关，除去浏览器所占区域，剩下的就是页面设计范围。随着技术的升级，分辨率越来越高，页面尺寸也就越来越大。此外，取消或增加浏览器的工具栏、显示或隐藏全部工具栏时，页面的尺寸都是不一样的，如图 11-6 所示。

图 11-6　红框以内是页面设计范围

　　前面说过，UI 页面是竖式展开的，通过向下拖动页面进行浏览。需要注意的是，原则上不要将页面设计得太长，除非页面的内容能很好地吸引访问者去拖动。若需在一个页面显示较长的内容，最好在页头加上页面内部链接，以便访问者浏览，如图 11-7 所示。

图 11-7　长页面最好在上部做链接

　　（2）注意两头。写文章要开好头、结好尾，需有"一见钟情之美，临去秋波之妙"，做 UI 版面也不例外，需设计好页头和页脚。

页头又名页眉，其作用是定义页面的主题，便于访问者快速了解站点的内容。页头纲举目张，是整个页面设计的关键，涉及整个页面的协调性。页头常放置站点名字的图片或公司 Logo 及旗帜广告等，如图 11-8 所示。

图 11-8　页头

页脚和页头相呼应。页头是放置站点主题的地方，页脚则是放置制作者或公司信息的地方。

（3）前后穿插。在 UI 版面中，特别是在第一屏或在网页海报中，图片的前后（或上下）与穿插关系尤为重要。如图 11-9 所示，将人物抠取出来后，为背景填上渐变色（颜色与衣服颜色相呼应），输入文字并对齐，做出适当的跳跃率，这样就突出了主体，并且有了前后层次的关系。

图 11-9　网页海报中需突出前后关系

若想让画面更丰富，可以加上一些线条、三角形及四边形等穿插来丰富前后关系。图 11-10 仍然是用抠出人物加上渐变背景的方法来做出前后关系，但为了丰富画面，又用两根斜线做出穿插感，文字基于两根线条做出变化，使整个画面主体突出，动感十足。把握"前后"和"穿插"两个要点，也可将线条换为矩形、三角形、圆形或色块等，有多少个思考点就能产生多少种可能性。

图 11-10 　通用型穿插

这种前后穿插方法应用面较广，可以称为"通用型"。针对具体产品，可提取产品本身的元素，设计出其专有形式，即"专属型"。如图 11-11 所示，将产品抠出后放到黑色背景上就有了前后关系，绘制几个红色的圆与标准色相呼应，然后提取手提袋上的银链装饰元素来绘制线条进行穿插即可。

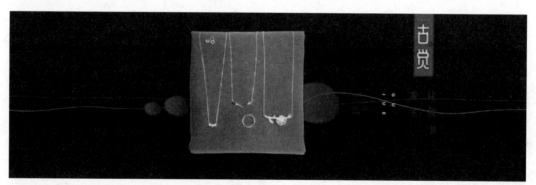

图 11-11 　专属型穿插（来自"学 UI 网"）

主题 02

UI 版式设计欣赏

为巩固知识、打开思路，下面来欣赏几个国外优秀的网页设计（本节图片来自"设计之家"网）。

图 11-12 是一家独木舟公司的网页，该网页采用高质量图片为主要视觉元素，画面唯美，让访问者不由自主地阅读那些看起来比较细小的文字，点击那些样式比较普通的链接。图片大小搭配、角版挖版组合、色彩素雅、空白率高，这种扁平化设计传达了一种闲适、高品质的调性。

移动端用户已成为主流，故手机 App 界面设计也应运而生。图 11-13 和图 11-14 便是两个实况

图 11-12　独木舟公司网页

直播比分 App 的界面设计，通过人性化的版式设计，用户能非常直观地看到赛事数据。

图 11-13 体育直播 App 界面　　　　　　　　图 11-14 体育直播 App 界面

当然，电商 UI 在 PC 端和移动端都能呈现。图 11-15 至图 11-18 就是一个电商店铺的 UI 设计，主要采用能够表现严谨、理性及可信赖感的版面网格进行设计；为破除网格的拘谨感，将产品图片做挖版处理；为减少视觉疲劳，将空白率设计得比较高——这也是大多数店铺的做法。

图 11-15 电商店铺界面 1　　　　　　　　图 11-16 电商店铺界面 2

 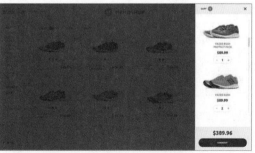

图 11-17 电商店铺界面 3　　　　　　　　图 11-18 电商店铺界面 4

主题 **03**

UI 版式设计实践

1.PC 端 UI 设计

这里以一个高校专业介绍的网页设计为例，来实践一下 PC 端 UI 设计。

专业宣传竞争很大，本设计需要在各式风格的同类网页中彰显个性，让人过目不忘。有人说现代人比较浮躁，并提出"你多久没有看过星星了"的质问，所以以这句话为灵感，用星空图片作为网页背景。页头简洁，其他九块内容各自成块，每块的标题与正文错开，或者将某块背景换成半透明图片以做出变化，大致版式如图 11-19 所示。

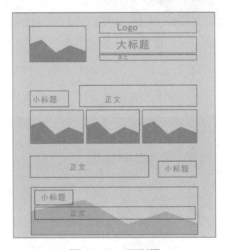

图 11-19　原型图

具体操作步骤如下。

步骤 1　新建文件。目前的计算机显示器的分辨率有很多种，如图 11-20 所示。若是 1280 像素的分辨率，除去右侧滑动条 21 像素，可将网页设为 1258 像素，正文宽度设为 980 像素。新建文件的参数如图 11-21 所示。

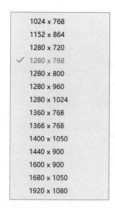

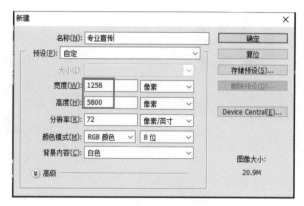

图 11-20 计算机常见分辨率 　　　　　　图 11-21 新建文件

步骤 2 按两边各留 138 像素设好辅助线，拖入星空素材并复制，如图 11-22 所示。

图 11-22 制作背景

步骤 3 设计制作页头。将专业名称与学校名称的中英文做出跳跃率，字体采用书法体与无饰线体做出对比。将图片素材抠取出来放于左侧做出前后关系，如图 11-23 所示。

图 11-23 制作页头

步骤4　设计制作第一个内容块。用大写英文来做小标题的编号，将名称中的中英文做出跳跃率，加上白底做出镂空效果，英文用白色呼应白底。用横排文字工具拖出文本框，粘贴正文，拖入图片对齐分布，效果如图 11-24 所示。

图 11-24　编排内容

步骤5　采用相同的方法，设计制作其他内容块，效果如图 11-25 所示。

图 11-25　编排完成主要内容

步骤6　设计制作页脚。再次呈现 Logo，与页头相呼应，加上其他信息，采用对称构图，如图 11-26 所示。

图 11-26　制作页脚

步骤 7　微调。由于所有版块都是空白分隔，所以页头与内容未能区别开来，可绘制一根透明渐变线条加以隔离；Logo 与图片可与辅助线对齐。由于页面较长不利于访问，所以超过三屏最好设计一排按钮（或者设计一个"下一页"链接横向翻页），调整效果如图 11-27 所示。

图 11-27

调整好网页版式后就可以交给后台处理了，最终效果如图 11-28 所示。

图 11-28　最终效果

2. 手机 App UI 设计

目前，手机端用户已超过 PC 端用户，故手机 App UI 设计不可忽视。但手机界面有其自身的规范，比如其尺寸就与 PC 端不同。市面上的机型众多，屏幕大小及分辨率各异，可参考目前常用的设计尺寸：苹果系统（iOS）为 750 像素 ×1344 像素，安卓（Android）系统为 1080 像素 ×1920 像素。

下面以一个农产品电商 App 平台为例来实践一下手机端 UI 设计。该电商平台经营原生态农产品，需要凸显有机、生态、价格亲民的调性。经过论证，设计原型图布局如图 11-29 所示，根据原型图开始设计制作电商首页。具体操作步骤如下。

步骤 1 打开 Photoshop，以安卓手机的设计尺寸新建一个文件，如图 11-30 所示。

图 11-29　原型图布局　　　　　图 11-30　新建文件

步骤 2 确定大结构。最上面留 60 像素作为状态栏，紧接状态栏留 150 像素作为标签栏，最底下留 144 像素作为导航栏，左右各留 20 像素作为边界，根据以上尺寸拉出辅助线，如图 11-31 所示。再在状态栏填充深灰色（#303135），绘制时间、电量等符号，如图 11-32 所示。

图 11-31　设置辅助线　　　　　　　图 11-32　绘制状态栏

步骤 3　绘制标签栏及搜索栏。选中标签栏区域,填充绿色渐变(参考颜色:#3dae0e 至 #379e0c),输入文字,如图 11-33 所示。在标签栏下绘制一个宽 708 像素、高 60 像素、圆角 10 像素的矩形,填充浅灰色。然后绘制放大镜图标,在左侧绘制三条黑线,创建文字"分类",再用路径工具绘制好位置符号并填充,如图 11-34 所示。

图 11-33 绘制标签栏　　　　　　　图 11-34 绘制搜索栏

步骤 4　绘制 Banner(即横幅广告,需要注意的是,所有尺寸都要是偶数),再绘制几个小圆作为滚动栏,效果如图 11-35 所示。

步骤 5　绘制按钮。绘制"果品""特产""禽蛋"及"肉干"4 个按钮,输入文字,调整大小并对齐,注意统一风格,如图 11-36 所示。

图 11-35　绘制 Banner　　　　　　图 11-36　绘制按钮

步骤 6　绘制商品展示模块。两边各留 86 像素，输入"人气爆品"，文字大小为 14 点（磅），为与主色呼应，填充为绿色；右侧输入"查看更多 >"，作为配角，颜色填充为浅灰色，如图 11-37 所示。

步骤 7　摆放商品。将三种商品图片放于栏目文字下方，输入文字，注意图形与文字对齐分布，如图 11-38 所示。

图 11-37　绘制商品展示模块　　　图 11-38　摆放商品

步骤 8　以同样的方法绘制"限时特价"与"新品报到"栏目。为了活跃版面，将中间的图片做挖版处理，如图 11-39 所示与图 11-40 所示。

图 11-39　编排"限时特价"模块　　　图 11-40　编排"新品报到"模块

步骤 9　绘制导航栏。新建一栏，沿着最开始的辅助线绘制一个矩形选区，填充为亮灰色，为了与产品版面隔开，在上边绘制一根浅灰色的线，如图 11-41 所示。

步骤 10　绘制导航栏图标。绘制图标（也可以使用素材），配上文字，将第一个图标填充为绿色表示当前栏目，其他图标填充为灰色，如图 11-42 所示。

图 11-41　绘制导航栏　　　图 11-42　绘制导航栏图标

步骤 11　微调。隐藏参考线观察效果，大体效果不错：各栏目用空白分隔，条理明确；色彩能体现绿色生态的调性；图片以角版为主、挖版为辅，既有格调又不失亲和；可以将木耳图片的阴影去除。最终效果如图 11-43 所示。

图 11-43　农产品电商 App 界面最终效果图

本章小结

　　工业 4.0 时代，新媒体日益强大，决定其颜值的用户界面设计也随之发展壮大。

　　UI 设计已趋向扁平化、人性化，注重用户体验。

　　设计 UI 时需熟悉设计规范，注意页头页脚，海报画面注意突出前后，可用穿插手法丰富空间感。

第 12 章
PPT 版式设计

如今，无论是会议还是教学，介绍还是汇报，都离不开 PPT。PPT 设计说易亦易，说难亦难，如何才能设计一个赏心悦目的 PPT 呢？在 PPT 设计中要避免哪些问题？有哪些要点？

　　PPT 是演讲展示工具，在职场沟通、工作汇报、发布会及提案会议中被广泛使用。在制作 PPT 前，整理要表达的内容并拟定提纲，然后将内容转换成一页一页的幻灯片，所有的幻灯片构成一份完整的 PPT。一份设计精良的 PPT 结合精彩的演讲，可以实现信息的高效传达，从而提升演讲者的说服力。图 12-1 和图 12-2 是两个不同主题的幻灯片页面展示。

图 12-1　读书主题 PPT 页面

图 12-2　体检主题 PPT 页面

主题 01

PPT 版式设计知识链接

随着信息化时代的到来，人们对信息的呈现形式的要求越来越高。一份排版精美的 PPT 更容易引起观众的注意，让观众接收里面的信息。反之，如果不注重 PPT 的文字与图像的排版，页面内容将混乱不堪，即使有再深刻的内容，也无法让观众耐心观看。

PPT 版式设计要根据不同的页面类型来考虑，通常情况下，页面类型包括封面、尾页、目录页、标题页及内容页。内容页是一份 PPT 的核心部分，根据页面内容的不同，又有不同的排版方法。除此之外，还要考虑版式的颜色与整体效果。

图 12-3 至图 12-6 依次为一份 PPT 的封面页、目录页、标题页和内容页。从该案例中可以发现，PPT 的版式设计不仅要注意单张页面的设计，还要注意整体的配色及风格设计。如此才能保证一份 PPT 版式风格的统一性与协调性。

图 12-3　PPT 封面页

图 12-4　PPT 目录页

图 12-5　PPT 标题页

图 12-6　PPT 内容页

1. 封面和尾页的版式特点

一份完整的 PPT 需要有头有尾，封面页和尾页的版式设计必须前后呼应，应选择统一的色调、图形及文字格式，通常还会使用相同或相似的排版方式。

观察图 12-7 和图 12-8 的封面页和尾页，不难发现这个页面的版式高度统一。文字的字体相同，图形也相同。只不过封面页的图形在左边，而尾页的图形在右边。

图 12-7　PPT 封面页版式

图 12-8　PPT 尾页版式

在设计封面页和尾页的版式时，初学者可能难以找到切入点，此时建议使用以下三种经典的版式设计方法。

（1）全图型。全图型是最简单且容易显得高端大气的版式设计。其方法是，找到一张高清的素材图片，将图片铺满幻灯片页面（注意不要让图片变形），然后只需要在图片上添加文字来说明主题即可。如果图片上的文字显示不清，可以借助形状遮罩来突出文字。

　　需要注意的是，图片的内容要与主题相关。例如，企业宣传 PPT 可以使用企业的宣传照，而不是选择美丽的自然风景照。

　　图 12-9 和图 12-10 是典型的全图型封面和尾页。在合适的位置添加主题文字。由于文字较小，所以字号要设置得比较大，从而保持页面的大气感。

图 12-9　全图型封面页

图 12-10　全图型尾页

　　（2）左右型。当找到的素材图片无法填充整张幻灯片，或者图片上添加文字的效果不佳时，可以根据图片的长宽尺寸来选择将图片放在幻灯片的左边或右边、上边或下边。

图 12-11 和图 12-12 是左右型封面页和尾页。将图片放在幻灯片左边，在右边色块上添加文字，图片与文字互不干扰又相得益彰。这是一种既简单又能取得良好排版效果的版式设计方法。

图 12-11　左右型封面页

图 12-12　左右型尾页

（3）上下型。上下型与左右型类似，图 12-13 和图 12-14 是上下型封面和尾页。页面上方有建筑图片，图片的长度大于宽度，而幻灯片的长宽比为 16:9，长度大于宽度。因此使用这种比例的素材图片时，不适合选用左右型版式设计。

图 12-13　上下型封面页

图 12-14　上下型尾页

2. 目录页版式特点

PPT 的目录可以让观众快速了解这场演讲的内容线索。一般来说，PPT 目录与 Word 目录不同，PPT 只列出一级目录即可，并且数量最好不要超过 6 项。否则容易显得版面拥挤，观众也无暇阅读数量众多的目录。下面介绍目录数量少和数量多时的版式设计方法。

（1）目录数量少于 4 项。通常情况下，PPT 的目录数量为 3~4 项。无论是奇数目录还是偶数目录，都可以采用如图 12-15 至图 12-17 所示的三种排版方式进行设计。

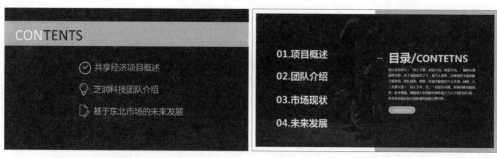

图 12-15　目录在页面中间　　　　　　　　　图 12-16　目录在页面左边

图 12-17　目录在页面中呈一字型排列

　　图 12-18 也是常用的目录排版方式，不过这种方式适合偶数项目录，否则难以对齐，缺少对称美。

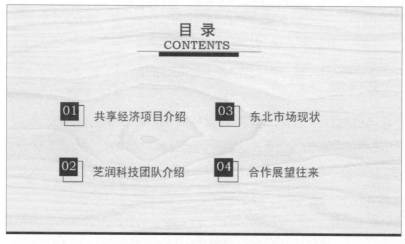

图 12-18　4 项目录左右对齐

（2）目录数量大于 4 项。当目录数量大于 4 项时，如果采用图 12-15 至图 12-17 所示的三种排版方式会让版面显得很拥挤，并且会让部分区域显得过于空旷。此时应借鉴如图 12-19 和图 12-20 所示的排版方式。

图 12-19 所示的排版方式适合偶数项目录，如目录数量为 6 项或 8 项时，能够保证版面左右对齐，且不拥挤也不过分空旷。

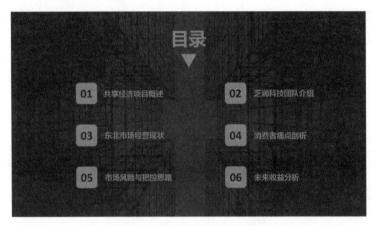

图 12-19　6 项目录左右对齐

图 12-20 所示的倾斜排版方式，可根据 16:9 的幻灯片页面特点，合理利用幻灯片的长度，让目录错落有致地排列，避免目录数量过多而导致版面拥挤，并且适用于奇数项目录。

图 12-20　倾斜排列的目录

3. 标题页版式特点

为了让观众准确把握当前演讲的内容环节，可以在每一小节开始前播放标题页，提醒观众即将进入的内容是什么。标题页是目录页的分解，例如，目录页中有5项标题，那么PPT中就会有5张标题页。

标题页的版式设计要点是：标注标题序号，且序号与目录页对应，方能让观众明白当下进行到第几部分的内容演讲；页面设计简洁明了，页面中只添加与目录对应的标题文字及必要的内容介绍，除此之外，不要添加会分散观众注意力的其他内容。

基于以上版式设计要点，常见的经典标题页设计如图12-21所示，简单的页面背景，在中间位置添加序号和标题文字，仅使用简单的形状作为点缀。

图 12-21 简单经典的标题页版式

如果追求更复杂的标题页设计，可以借助图片和色块来丰富页面，但总原则依然是保持标题文字醒目。如图12-22所示，虽然有较复杂的背景图片，但是中间色块较好地辅助了文字显示，让文字不受背景影响。页面整体简洁又不失美感。

图 12-22 添加修饰的标题页版式

4. 内容页的文字版式设计

与封面页、尾页、目录及标题页不同，内容页是 PPT 的核心部分，其形式多样，根据内容页元素的不同，有不同的版式设计方法。本小节将探讨内容页文字元素的版式设计。

（1）字体选择。Windows 自带多种字体，同时还可以到网络中下载更多风格的字体进行安装。选择不同的字体，应用不同的字体设计与搭配方案，可以决定幻灯片页面的版式效果。

正是因为字体的多样性，让不少新手在做 PPT 时走入误区，一味地选择夸张独特的字体，反而让版式美感尽失。

在做 PPT 版式设计时，字体选择的首要原则是：选无衬线字体，不选衬线字体。无衬线字体和衬线字体的概念最早起源于西方国家：衬线字体（Serif）是在字的笔画开始和结束的地方有额外的装饰，而且笔画的粗细会有所不同的一类字体，如宋体和 Times New Roman；无衬线字体是没有这些额外的装饰，而且笔画的粗细差不多的一类字体，如微软雅黑和 Arial。

图 12-23 是无衬线字体和衬线字体的区别，不难发现，无衬线字体的粗细较为一致，没有过细的笔锋，非常适合投影播放。这种字体即使是在远距离状态下观看，也能保持较高的辨识度。

图 12-23　无衬线字体和衬线字体的区别

对比图 12-24 和图 12-25，可以很直观地发现，虽然衬线字体更具阅读性和艺术性，但是只适合在书本上阅读，一旦距离增加，辨识度就会降低。

图 12-24　无衬线体文字版式

图 12-25　衬线体文字版式

　　无衬线字体也有多种选择，但是字体选择在精不在多，选择适当的 2~3 种字体足以让版式赏心悦目。一般来说，同一份 PPT 的字体不应超过 3 种，标题、正文及强调文字分别使用一种字体即可。这里推荐四种搭配后视觉效果良好的方案。

　　方案一：微软雅黑（加粗）+ 微软雅黑（常规）。微软雅黑是 Windows 系统自带的字体，这种字体简洁、美观，作为一种无衬线字体，显示效果也非常不错。可避免将 PPT 文件复制到其他电脑播放时，出现因字体缺失而导致的设计"走样"问题。标题采用微软雅黑加粗字体，正文采用微软雅黑常规字体，这种搭配方案是不错的选择，而且适用于商务场合和教学场合，可以让 PPT 文字营造出严肃、正式的氛围，如图 12-26 所示。

图 12-26　微软雅黑（加粗）+ 微软雅黑（常规）字体搭配

　　方案二：方正粗雅宋简体 + 方正兰亭黑简体。这种字体搭配方案清晰、严整、明确，非常适合政府会议及事业单位公务汇报等较为严肃的场合。图 12-27 是这两种字体搭配出来的版式效果，工整有致。

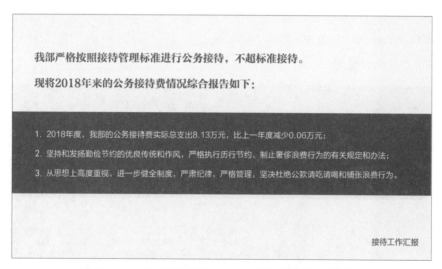

图 12-27　方正粗雅宋简体 + 方正兰亭黑简体字体搭配

　　方案三：汉仪综艺体简 + 微软雅黑。微软雅黑字体容易显得古板且没有活力，此时搭配汉仪综艺体简字体，可以让版式在严谨中透露出情趣。如图 12-28 所示，标题字体为汉仪综艺体简，而正文字体为微软雅黑，两者搭配，相得益彰。

图 12-28　汉仪综艺体简 + 微软雅黑字体搭配

　　方案四：华文细黑 +Arial。在制作 PPT 时，文字不仅包括中文，还包括英文和数字。而很多适用于中文的字体并不适用于英文和数字。为了让页面中的英文和数字更有国际范儿和时尚感，推荐使用 Arial 字体。这是一种 Windows 自带的常用英文字体，也适用于数字。

　　如图 12-29 所示，中文使用华文细黑，英文和数字使用 Arial 字体，不同类型的文字有所区别，且配合良好。

图 12-29　华文细黑 +Arial 字体搭配

　　（2）文字美化。PPT 是演讲稿而不是阅读稿，因此页面中的文字通常不会太多。为了让为数不多的文字更有气势、吸引力更强，需要对文字进行美化。最简单的美化方法就是利用 PowerPoint 中的字体效果设置，让字体根据不同的内容来显示出独特的气质。

如图 12-30 所示，在 PowerPoint 中，对文字的美化有 4 种方法：使用艺术字效果、设计文字填充色、设计文字轮廓、设计文字的效果。系统提供了 20 种艺术字效果，如图 12-31 所示，直接选择这些艺术字效果可以快速实现文字美化。

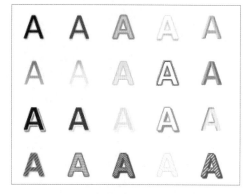

图 12-30　文字美化效果　　　　　　　图 12-31　系统提供的艺术字样式

在对 PPT 文字进行美化时，使用【文本效果】进行文字美化能让文字的表现力瞬间增强。但是不同的文本效果有不同的"个性"，如果随意使用，就会适得其反。下面来看几种典型文字的适用情况。

①阴影字效果：阴影效果分为外部阴影、内部阴影及透视阴影，并有多种阴影偏移方式。阴影字效果能让字体呈现出立体感，因此不适用于扁平风的 PPT。为了凸显页面立体感，增强画面空间感，可以选择阴影字体效果。

如图 12-32 所示，页面中"观"字应用的是右下偏移阴影，"岭"字应用的是左上偏移阴影。两个字设置阴影效果后具有立体感，与背景图片真实立体的风景相搭配。

图 12-32　阴影字效果

②映像字效果：映像效果有紧密映像、半映像及全映像等多种变体效果。使用映像能够产生倒影的感觉，因此这种字体效果通常用在以水和光为背景的 PPT 中。图 12-33 就是映像字效果的版式设计。

图 12-33　映像字效果

③发光字效果：发光字效果可以为文字设置不同的发光颜色，从而营造出一种朦胧、虚幻的效果。发光效果适用于星空、灯光及夜景等与光有关的背景中。如图 12-34 所示，为文字设置了发光效果，与星空的虚幻感相呼应。

图 12-34　发光字效果

④棱台效果和三维效果：棱台效果包含顶部棱台、底部棱台、深度、曲面图、材质及光源参数，效果是加强文字的立体厚度；三维旋转可使用预置的平行、透视和倾斜旋转功能，也能手动精确调节 X、Y、Z 三轴的角度，通过调节三维格式和三维旋转效果的各项参数，可以将页面中的文字做出丰富的立体效果。

如果不会设置棱台和三维参数，也可以直接使用系统预置的效果。图 12-35 就是直接使用【凸圆形】棱台效果做出来的字体。

需要注意的是，这两种文字效果的作用均在于让文字有立体感，不太适用于平面化的版式设计。

图 12-35　三维字效果

⑤转换字效果：转换字可以让文字以不同的路径形式来实现弯曲排列效果。弯曲排列的文字比横平竖直的普通排列方式更具活力。这种艺术字效果适用于主题内容轻松有趣的 PPT，如手绘课件 PPT、给小朋友看的 PPT 及户外活动宣传 PPT。

图 12-36 是转换字效果版式，通过设置转换字效果，页面中的标题文字呈弯曲状排列。文字的弯曲幅度与背景云朵图形相搭配，十分协调。

图 12-36　转换字效果

（3）段落排版。PPT 的特点是文字较少，但是在设计 PPT 版式时，难免会遇到必要存在的大段文字。此时就要学习如何针对段落文字设计版式。

针对文字段落排版，有两个最主要的排版原则：让文字对齐、让文字有间距。

让文字对齐是段落排版的首要原则。PowerPoint 一共有 5 种对齐方式，分别是：左对齐、右对齐、居中对齐、两端对齐及分散对齐。

①左对齐：让文字内容与左边距对齐。左对齐方式使用频率较高，因为按照阅读时从左到右的视线规律，保持左对齐更能让版式显得整齐有序，方便阅读。如图 12-37 所示，页面中间的 8 排文字左对齐，有利于阅读。

图 12-37　文字左对齐

②右对齐：让文字内容与右边距对齐。右对齐方式适用于特殊内容，如页眉和页脚的文本。或者是特殊版式下，需要让文字右对齐。如图 12-38 所示，由于排版设计，右边的文字与右边距对齐，更能让版面左右平衡。

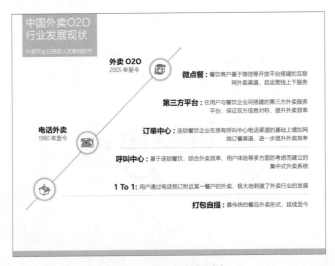

图 12-38　文字右对齐

③居中对齐：让文字内容与中间的边距对齐。居中对齐通常用于标题和几句话的排版设计。如图 12-39 所示，页面右边的四个"豆腐块"文字居中对齐，这些文字由几句话构成，如果选择左对齐方式，容易产生"豆腐块"倾斜感，而选择居中对齐的方式则十分整齐美观。

图 12-39　文字居中对齐

④两端对齐：让文字内容在左右边距之间均匀分布。这种对齐方式让段落文字的左右边距均能对齐，并且显得干净工整。当文字呈段落排列时，建议选择这种对齐方式。

PPT 文本框中可能包含中文、标点符号、英文及数字等不同类型的字符，当每行的文本长度不同时，容易出现左右边距不能完全对齐的情况。如图 12-40 所示，左上方的文本框由四行文字构成，设置两端对齐方式后，文本框内的文字无论是左边距还是右边距都能对齐。

图 12-40　文字两端对齐

⑤分散对齐：让文字内容在左右边距间均匀分布，包括最后一行文字。这种对齐方式与两端对齐类似，不同的是，分散对齐还包括最后一行，让段落的每一行的两端都对齐。这种对齐方式能够强制最后一行文字在字数不够的前提下也与其他行对齐，其区别如图 12-41 所示。

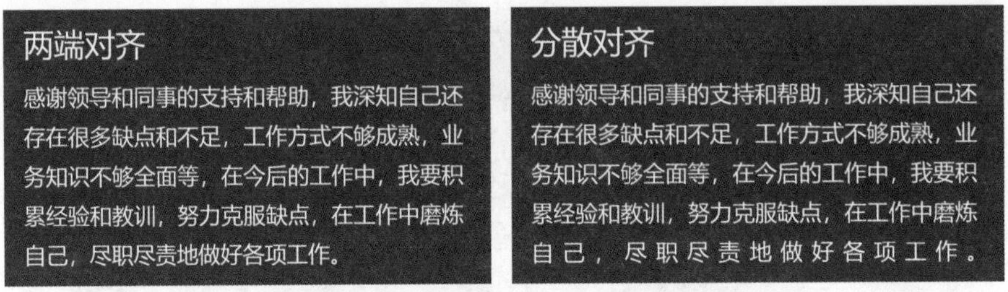

图 12-41　两端对齐和分散对齐的区别

为文字设置了正确的对齐方式后，还需要考虑文字的行距，让行与行之间有适当的留白，避免密密麻麻的文字堆积造成挤压感，影响观众阅读。

在 PowerPoint 中，可以为文本框中的文字设置单倍行距、1.5 倍行距、2 倍行距、固定值及多倍行距，如图 12-42 所示。

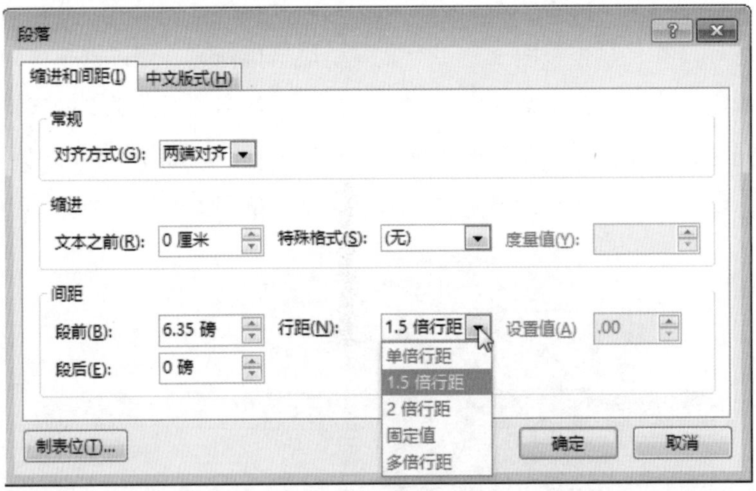

图 12-42　行距设置

不同的字体、不同的字体大小，行距的视觉效果也不同。单倍行距指的是行与行之间的距离为当前所使用文字大小的 1 倍，以此类推。选择【多倍行距】可以自行设置行距为 3 倍、4 倍等。

图 12-43 是不同行距倍数下的排版效果。一般来说，单倍行距略显拥挤，3 倍行距显得太宽。1.5~2 倍行距是较为理想的选择，让文字疏散有序，方便阅读。

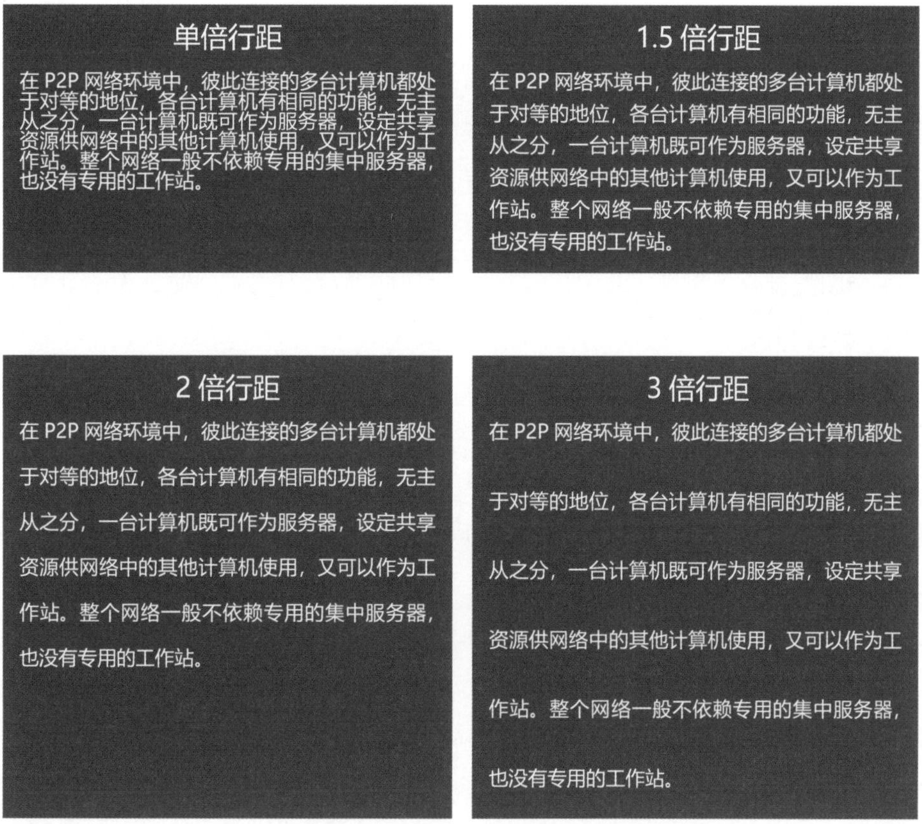

图 12-43　不同行距倍数排版效果

　　在实际排版过程中，用文字大小倍数来设置行距有一定的局限性，不方便行距微调。这时可以选择以固定值的方式来设置行距。通过这种方式，可以增减磅值来设置行距。图 12-44 是 20 磅行距和 30 磅行距的文字效果。

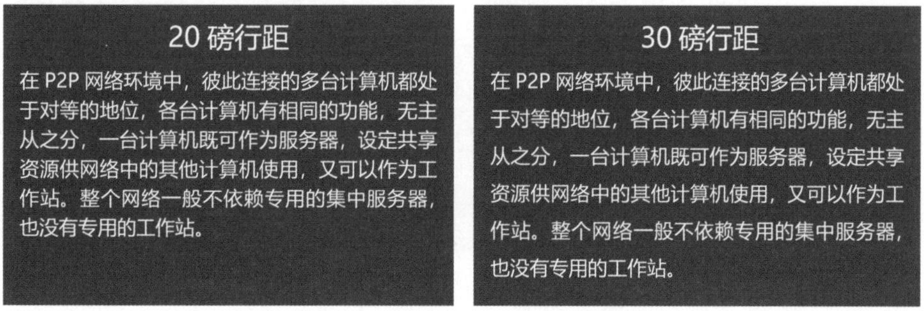

图 12-44　不同磅值行距排版效果

5. 内容页的图文版式设计

图片是 PPT 的重要元素，当有 1 张或多张图片插入幻灯片页面时，如何让图片与文字和谐排版，是版式设计必须思考的问题。下面就来看看幻灯片中图文混排的版式设计方法。

（1）全图型排版。当找到的图片素材清晰度高、内容有感染力时，为了带给观众最大程度的视觉冲击力，可以将图片拉大，铺满整个页面。在拉大图片时，要注意保持图片的长宽比，不要让图片变形。

适合全图型排版的图片主要有以下三个特点。

①图片细节清晰，海报般高清的图片能让观众深入欣赏图片之美；

②图片内容与 PPT 主题契合，如果能升华主题更好。例如，表现团队合作的幻灯片可以使用高清狼群大图，暗示团队的凝聚力非同一般；

③图片足够精美。再清晰的图片，如果不符合审美要求，也不适合作为背景图片。

如图 12-45 所示，清晰的城市俯拍图、天空中变幻的云彩图像，再加上暗沉的色调，无不暗示着楼市的风云变幻。将这张图片铺满整张幻灯片，视觉冲击力十足。

图 12-45　全图型排版 1

如图 12-46 所示，背景是高清大图，且意味深长。坐在海边的女子含有挣扎、突破的情感，这样的情感与个人成长相契合。页面的版式设计有强劲的冲击力。

图 12-46　全图型排版 2

（2）图片与文字和谐排版。无论是全图型排版还是其他形式的排版，均要考虑如何让图片与文字和谐共存。其原则是，图片与文字不会互相干扰，且颜色搭配协调。

首先来看全图型的文字排版。在铺满整张幻灯片的图片上添加文字时需要思考这几个问题：在什么位置添加文字？文字大小是多少？文字颜色是什么？这十分考验版式设计的功力。

图文混排有三个方法：在图片留白处添加文字；根据图片内容的视线引导添加文字；利用色块遮罩实现图文混排。

在图片留白处添加文字。这里的留白包括图片空白处和非主要内容处。所添加的文字颜色应与背景色相反，如深色背景要使用浅色文字，这样能保证文字清晰显示，不被背景图片内容干扰。如图 12-47 所示，图片左下方正好有一处空白，于是添加黑色的文字，文字大小占空白区域的 50% 左右，既能保证内容充实，又不显得拥挤。

图 12-47　在图片留白处添加文字

如图 12-48 所示，图片右上方是天空，并不是图片的主要细节。因此在这个区域添加主题文字十分恰当。选择与背景色相差较大的颜色作为文字的颜色，且颜色取自下方的海水，既保证了文字清晰显示，又不会让色调破坏整体和谐。

图 12-48　在图片非主要内容处添加文字

根据图片内容的视线引导添加文字，指的是图片的内容有明显的视线方向。如图片中的人物眼神、手势指向某个方向，图片中的高山指向天空、图片中的道路指向远方。当观众看到这种图片时，眼神会自然而然地跟着内容的指引方向走，此时顺着方向添加文字，即可实现图文和谐混排。

　　如图 12-49 所示，图中的道路指向远方，即页面上方，观众的视线会跟着道路向上延伸。在道路尽头添加文字，可以让页面信息按照一定顺序自然地呈现在观众眼前。

图 12-49　根据道路方向添加文字

　　图 12-50 是根据图片中人物的视线方向添加文字，观众视线会不自觉地与图片中的人物视线保持一致，从而强调了文字信息。

图 12-50　根据人物视线方向添加文字

　　无论是在页面留白处还是按照图片内容引导添加文字，都需要图片中有适当的位置来添加文字。然而在实际设计中，并不是所有的素材图片都能有较为空旷的地方来添加文字，当文字在图片上受到背景干扰从而显示不清时，可以考虑添加色块遮罩来实现图文混排。

　　在文字下方添加形状，让形状遮挡住部分图片，将文字衬托出来。这种方式不仅可以现实和谐的图文混排，还能增加幻灯片页面的设计感。

如图 12-51 所示，在图片中添加蓝色和灰色的矩形色块，再在色块上添加文字，文字得以清晰展示并得到强调。而色块的颜色也是与背景色相搭配的颜色。

图 12-51 添加矩形色块遮罩

添加形状不规则的色块，可以增加幻灯片页面的设计感，让版式更为灵动。如图 12-52 所示，图片下方添加了黄色、蓝色及白色的不规则形状，成功将图片下半部分的内容遮挡住，且将中规中矩的版式打破，呈现出不规则美。

图 12-52 添加不规则色块遮罩

将色块填充色设置为透明色是图文混排的一大诀窍，其好处在于，透明的色块不会完全遮挡住图片，又能较好地衬托文字。如图 12-53 所示，背景图片很出彩，如果将中间位置完全遮盖住，则会丢失美感。但是将色块设置为透明色，就不会过分影响图片展示。值得学习的是，色块的颜色是从图片中吸取的，从而保持色块与图片的色调一致。

图 12-53　添加圆形透明色块遮罩

（3）多图排版。当一页幻灯片中有多张图片时，版式设计不当就会很容易显得凌乱不堪。多图排版的最简单也是最重要的原则就是对齐原则。将图片裁剪成相同的尺寸，对齐排列，能使页面干净清爽。这也是 PPT 新手在做图片排版时万无一失的方法。

如图 12-54 所示，幻灯片页面中的三张图片尺寸相同、顶端对齐、间距相同。简单的排版理念即可做出整齐有序的版式。

图 12-54　图片尺寸相同，对齐排列

让图片对齐排版，并不一定要求所有图片的尺寸都相同。尺寸不同的图片，只要按照一定的对齐原则，依然可以保证版面的美观整齐。

如图 12-55 所示，有 1 张大图，其余 5 张小图的尺寸相同。这样的图片也可以根据对齐原则排列出干净美观的版式。其方法是，将大图作为主要对象放大排列，其余小图作为次要对象，彼此对齐。同时所有小图组成的区域又与大图保持对齐排列。

图 12-55　图片尺寸不同，对齐排列

按照对齐原则，将图片裁剪为不同的形状，可以使版式更具活力又不失规整。如图 12-56 所示，图片裁剪为圆形后显得更活泼有趣。利用同样的理念，还可以将图片裁剪为三角形、菱形等。

图 12-56　图片经裁剪后对齐排列

当图片有主次与重要程度的区别时，可以在确保页面规整的前提下，打破常规、均衡的结构，单独将某些图片放大来排版。如图 12-57 所示，不同尺寸的图片按对角线排列，保持了页面整齐有序。

图 12-57　图片错落排列

图片有主次之分时，还可以使用图片重叠排版的方式。如图 12-58 所示，全图加小图型排版结构。将表现汽车整体的图片以覆盖整个幻灯片页面的全图方式展现，并利用该图的非主要内容区域来排列汽车细节的小图片。

图 12-58　图片重叠排列

6. 配色在版式设计中的作用

配色是版式设计中必不可少的要素，PPT 版面色彩的搭配能带给观众直观的感受。

优秀的 PPT 作品通常会有特定的色彩规范，而不是凭心情配色。同一份 PPT 有一套特定的配色方案，背景色、文字色及图形色等，均为事先设计好的搭配方案。

如图 12-59 所示，在制作 PPT 前，可以新建主题颜色，为整份演讲稿进行配色设计。

图 12-59 主题颜色设置

可以根据以下四种理念来设计 PPT 配色。

（1）根据 VI 配色。很多企业或品牌都有自己的 VI 系统，即机构的视觉识别系统。VI 系统严格规定了企业的标志图形、标准色彩及象征图案。因此在为企业做 PPT 时，应优先考虑该企业的 VI 配色。图 12-60 是从 Google 中提取出来的 VI 配色。

图 12-60 Google 的 VI 配色

一份 PPT 演讲稿可以有 2~4 种颜色搭配。有的企业没有特定的 VI 配色，但是又要求配色符合企业形象。这种情况下可以从企业 Logo 中确定主题色，再利用 ColorBlender 网站来完成配色。

例如，现在确定了 GRB 值为 79/89/121 的颜色为主要颜色，为了搭配出与这种颜色相协调的配色方案，可以到 ColorBlender 网站中进行快速配色。如图 12-61 所示，在

【Edit Active Color】中拖动滑块确定主要色，然后网站会根据这种颜色自动挑选出与之相匹配的颜色。

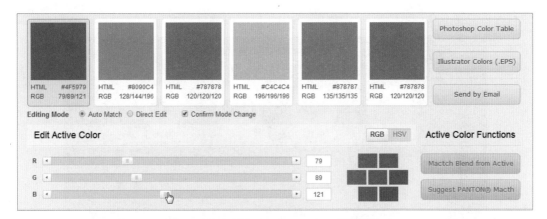

图 12-61　利用 ColorBlender 网站配色

（2）根据行业配色。不同的行业在色彩应用上有各自的特点，使用能代表行业的配色，可以让观众从颜色上感受到与行业相关的信息。例如，环保、教育及公益行业常用绿色和蓝色，政府机关常用红色和黄色，金融行业常用黄色，等等。

图 12-62 是与环境相关的主题配色，使用了深浅不同的绿色作为配色标准，从颜色上反映出与环境相关的主题。

图 12-62　环境主题配色

（3）根据主题配色。颜色是有感情色彩的，红色让人感受到热情、黄色让人感受到轻快，深沉的颜色让人感受到严肃。在设计 PPT 配色时，可根据主题的不同来选择与之有契合度的配色。

一般来说，暖色系能体现欢快、轻松、感性、愉悦的主题，冷色系则体现严肃、沉重、理性的主题。如果为严肃主题的PPT设计欢快活泼的配色，则会显得不伦不类。

对比图12-63和图12-64，幻灯片内容不变，配色改变。前者显得沉重而严肃，而后者如果不看内容，会误认为幻灯片传达的是愉快的信息。

图12-63　感情色彩较为沉重

图12-64　感情色彩较为轻松

（4）根据经典配色。色彩知识较为缺乏时，为了快速搭配出有美感的颜色，不妨找一些优秀的PPT作品，再利用PowerPoint中的吸管工具来抽取配色，从而将经典配色方案应用到自己的PPT中。

如图12-65所示，将经典配色的幻灯片截取到PowerPoint界面中，再打开【设置背景格式】窗格，选择吸管工具，将吸管工具放到模板幻灯片的背景色上并单击，即可将这种背景色应用到自己的幻灯片背景中。

图 12-65　用吸管工具抽取背景色

用同样的方法为页面中不同的元素吸取经典配色，或者打开主题进行配色设计，即可将优秀作品的配色应用到自己的幻灯片中。图 12-66 是配色应用的效果。

图 12-66　将经典配色应用到自己的幻灯片中

主题**02**

PPT 版式设计欣赏

学习了本章内容，可以总结出一些 PPT 版式设计的基本原则：一份 PPT 应该有统一的标题配色、使用 2~3 种字体、文字排版疏密有致、图文排版互不干扰。为了巩固知识，下面来看一份短小但完整的 PPT 版式设计。

图 12-67 是 PPT 设计师小僧和萧牧梵的作品，这份作品的色调为深浅蓝色相搭配，内容页的版式均为左图右文。排版设计遵从了最基本的对齐原则，最大限度地保证了 PPT 演示文稿的整齐对仗。

图 12-67　PPT 版式设计欣赏

主题 03

PPT 版式设计实践

PPT 版式设计需要考虑图片、文字及形状等多种元素的位置和颜色设计。下面以 PPT 封面为例来讲解具体的版式设计方法。

PPT 封面最常见的是全图型，要求大气美观，且能体现整份文稿的主题。案例中添加了透明形状遮罩，不仅实现了图文和谐排版，而且别出心裁地将文字设计为图片填充方式，增强字体的表现力。具体操作步骤如下。

步骤 1 设置背景并选择图形。启动 PowerPoint 软件，在空白幻灯片中插入一张背景图片。单击【插入】选项卡下【形状】菜单中的【平行四边形】图形，如图 12-68 所示。

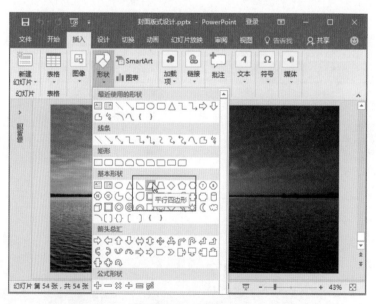

图 12-68 选择图形

步骤 2 绘制图形。在幻灯片右边的位置绘制一个平行四边形，其高度和宽度如图 12-69 所示。

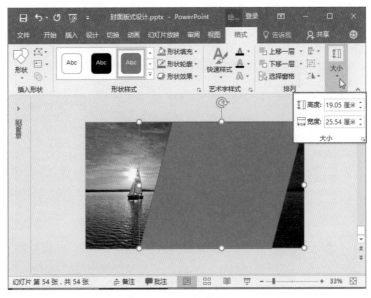

图 12-69 绘制图形

步骤 3 设置图形填充色。平行四边形作为形状遮罩，需要与背景图片的色调保持和谐，并且要设置为透明色，这样才不会完全遮挡住背景图片。选中绘制的四边形，单击【绘图工具 - 格式】选项卡下的【形状填充】选项，在下拉菜单中选择【其他颜色填充】，然后在如图 12-70 所示的【颜色】对话框中设置填充色并调整透明度为【50%】。

步骤 4 插入文字并设置填充格式。在透明四边形上方插入文本框并输入文字。为了制作出火烧云文字的效果，这里设置文字的填充格式为【图片或纹理填充】，然后单击【文件】按钮，如图 12-71 所示。

图 12-70　设置图形填充色图

图 12-71 插入文字设置填充格式

步骤 5　选择素材图片。在打开的【插入图片】对话框中找到事先保存好的火烧云素材图片，单击【插入】按钮，如图 12-72 所示。

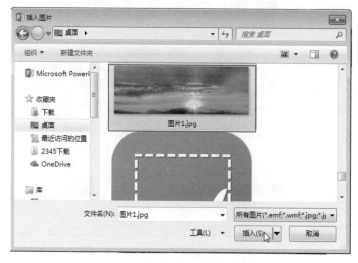

图 12-72　选择文字填充素材

步骤 6　完成封面版式设计。接下来只需要添加副标题文字即可，最终封面页的版式设计效果如图 12-73 所示。

图 12-73　最终效果

本章小结

　　PPT 是一种可在投影仪上播放的演示文稿，被广泛应用于工作汇报、企业宣传、产品介绍、项目竞标、管理咨询及教育培训等领域。

　　一份完整的 PPT 文稿应该包含封面页、目录页、标题页、内容页及尾页。在设计 PPT 版式时，同一份演讲稿有统一的配色标准，在排版设计上也应保持高度统一，如封面和尾页的排版方式相同或相似、标题页排版方式相同、内容页文字排版既不拥挤也不松散。在进行图文排版时，应充分考虑图文的位置关系，适当使用图形遮罩功能来优化图文排版。

参考文献

［1］ ［日］+Designing 编辑部 . 版式设计：日本平面设计师参考手册 [M].周燕华，
　　　郝微，译 . 北京：人民邮电出版社，2011.

［2］ ［日］视觉设计研究所 . 七日掌握版式设计基础 [M].张喆，译 . 北京：中国
　　　青年出版社，2004.

［3］ 王受之 . 世界现代设计史 [M].北京：中国青年出版社，2002.

［4］ ［日］佐佐木刚士 . 版式设计全攻略 [M].暴凤明，译 . 北京：中国青年出版社，
　　　2010.

［5］ ［日］佐佐木刚士 . 版式设计原理 [M].武湛，译 . 北京：中国青年出版社，
　　　2007.